江苏省"十四五"时期重点出版物出版专项规划
南水北调后续工程高质量发展·大型泵站标准化管理 系列丛书

管理条件
管理标识
管理安全

GUANLI TIAOJIAN　GUANLI BIAOSHI　GUANLI ANQUAN

南水北调东线江苏水源有限责任公司 ◎ 编著

河海大学出版社
·南京·

图书在版编目(CIP)数据

管理条件、管理标识、管理安全 / 南水北调东线江苏水源有限责任公司编著. -- 南京：河海大学出版社，2022.2(2024.1重印)

（南水北调后续工程高质量发展·大型泵站标准化管理系列丛书）

ISBN 978-7-5630-7377-1

Ⅰ. ①管… Ⅱ. ①南… Ⅲ. ①南水北调—泵站—标准化管理 Ⅳ. ①TV675-65

中国版本图书馆 CIP 数据核字(2021)第 270837 号

书　　名	管理条件、管理标识、管理安全
书　　号	ISBN 978-7-5630-7377-1
责任编辑	彭志诚　周　贤
特约校对	薛艳萍　董　瑞
装帧设计	徐娟娟
出版发行	河海大学出版社
地　　址	南京市西康路 1 号(邮编：210098)
网　　址	http://www.hhup.cm
电　　话	(025)83737852(总编室)
	(025)83722833(营销部)
经　　销	江苏省新华发行集团有限公司
排　　版	南京布克文化发展有限公司
印　　刷	广东虎彩云印刷有限公司
开　　本	787 毫米×1092 毫米　1/16
印　　张	8
字　　数	198 千字
版　　次	2022 年 2 月第 1 版
印　　次	2024 年 1 月第 2 次印刷
定　　价	59.00 元

丛书编委会

主 任 委 员 荣迎春　袁连冲
副主任委员 刘　军　李松柏　吴学春　王亦斌
编 委 委 员 莫兆祥　孙　涛　雍成林　沈昌荣　余春华
　　　　　　　王兆军　白传贞　沈宏平　施　伟　王从友
　　　　　　　刘厚爱　吴大俊　黄卫东　沈朝晖　宣守涛
　　　　　　　祁　洁

管理条件、管理标识、管理安全

本册主编　李松柏　莫兆祥
副 主 编　孙　涛　王从友　李伟鹏
编写人员　周晨露　王　瑶　杨登俊　单晓伟　倪　春
　　　　　　孙建伟　严再丽　沈　冲　韦　成　卞新盛
　　　　　　范雪梅　顾　杰　张驰骏　王　宇　吴利明
　　　　　　曹　琨　王希晨　刘　菁　吴海啸　朱振洋

序

  我国人多水少，水资源时空分布不均，水资源短缺的形势十分严峻。20世纪50年代，毛泽东主席提出了"南水北调"的宏伟构想，经过了几十年的勘测、规划和研究，最终确定在长江下、中、上游建设南水北调东、中、西三条调水线路，连接长江、淮河、黄河、海河，构成我国"四横三纵、南北调配、东西互济"的水资源配置总体格局。2013年11月15日南水北调东线一期工程正式通水，2014年12月12日南水北调中线一期工程正式通水，东、中线一期工程建设目标全面实现。50年规划研究、10年建设，几代人的梦想终成现实。如今，东、中线一期工程全面通水7年，直接受益人口超1.4亿。

  近年来，我国经济社会高速发展，京津冀协同发展、雄安新区规划建设、长江经济带发展等多个重大战略相继实施，对加强和优化水资源供给提出了新的要求。习近平总书记分别于2020年11月和2021年5月两次调研南水北调工程，半年内从东线源头到中线渠首，亲自推动后续工程高质量发展。"南水北调东线工程要成为优化水资源配置、保障群众饮水安全、复苏河湖生态环境、畅通南北经济循环的生命线。""南水北调工程事关战略全局、事关长远发展、事关人民福祉。"这是总书记对南水北调工程的高度肯定和殷切期望。充分发挥工程效益，是全体南水北调从业者义不容辞的使命。

  作为南水北调东线江苏段工程项目法人，江苏水源公司在工程建设期统筹进度与管理，突出管理和技术创新，截至目前已有8个工程先后荣获"中国水利优质工程大禹奖"，南水北调江苏境内工程荣获"国家水土保持生态文明工程"，时任水利部主要领导给予"进度最快、质量最好、投资最省"的高度评价；自工程建成通水以来，连续8年圆满完成各项调水任务，水量、水质持续稳定达标，并在省防指的统一调度下多次投入省内排涝、抗旱等运行，为受涝、旱影响地区的生产恢复、经济可持续发展及民生福祉保障提供了可靠基础。

多年的南水北调工程建设与运行管理实践中，江苏水源公司积累了大量宝贵的经验，形成了具有自身特色的大型泵站工程运行管理模式与方法。为进一步提升南水北调东线江苏段工程管理水平，构建更加科学、规范、先进、高效的现代化工程管理体系，江苏水源公司从 2017 年起，在全面总结、精炼现有管理经验的基础上，历经 4 年精心打磨，逐步构建了江苏南水北调工程"十大标准化体系"，并最终形成这套丛书。十大标准化体系的创建与实施，显著提升了江苏南水北调工程管理水平，已在诸多国内重点水利工程中推广并发挥作用。

加强管理是工程效益充分发挥的基础。江苏水源公司的该套丛书作为"水源标准、水源模式、水源品牌"的代表之作，是南水北调东线江苏段工程标准化管理的指导纲领，也是不断锤炼江苏南水北调工程管理队伍的实践指南。管理的提升始终在路上，真诚地希望该丛书出版后能够得到业内专业人士的指点完善，不断提升管理水平，共同成就南水北调功在当代、利在千秋的世纪伟业。

中国工程院院士：唐洪武

2022年元月

目录

管理条件

1	范围	003
2	规范性引用文件	003
3	术语和定义	003
4	管理条件	003
5	考核评价	004
附录 A	管理条件	005

管理标识

1	范围	043
2	规范性引用文件	043
3	术语和定义	043
4	总体要求	044
5	导视类标识标牌	044
6	公告类标识标牌	045
7	名称编号类标识标牌	047
8	安全类标识标牌	049
9	标识标牌设置	050
10	标识标牌维护	050
11	考核与评价	050
附录 A	泵站室外标识标牌	051
附录 B	泵站门厅标识标牌	057
附录 C	电气开关室标识标牌	060
附录 D	中控室标识标牌	067
附录 E	泵站厂房标识标牌	070
附录 F	水闸、清污机标识标牌	079

附录 G　其他标识标牌 …… 085

管理安全

1　范围 …… 093
2　规范性引用文件 …… 093
3　术语和定义 …… 093
4　总体要求 …… 094
5　目标职责 …… 094
6　制度化管理 …… 097
7　教育培训 …… 098
8　现场管理 …… 100
9　安全风险管控及隐患排查治理 …… 109
10　应急管理 …… 113
11　事故管理 …… 117
12　持续改进 …… 118

管理条件

1 范围

本文件规定了南水北调东线江苏水源有限责任公司辖管泵站工程开展标准化管理所需的硬件配置及要求,包括水工建筑物、机电设备、管理设施等部位,是实现泵站标准化管理的必备条件。

本文件适用于南水北调东线江苏水源有限责任公司辖管泵站工程,类似工程可参照执行。

2 规范性引用文件

下列文件的内容通过文中的规范性引用而构成本文件必不可少的条款。其中,注日期的引用文件,仅该日期的版本适用于本文件;不注日期的引用文件,其最新版本(包括所有的修改单)适用于本文件。

GB/T 2887 计算机场地通用规范
GB/T 30948 泵站技术管理规程
GB 50053 20 kV 及以下变电所设计规范
GB 50054 低压配电设计规范
GB 50060 3～110 kV 高压配电装置设计规范
GB 50140 建筑灭火器配置设计规范
CJJ 45 城市道路照明设计标准
DL/T 5390 发电厂和变电站照明设计技术规定
DL/T 1475 电力安全工器具配置与存放技术要求
DL/T 976 带电作业工具、装置和设备预防性试验规程
JGJ 25 档案馆建筑设计规范
DB32/T 1713 水利工程观测规程
NSBD 21 南水北调东、中线一期工程运行安全监测技术要求
NSBD 16 南水北调泵站工程管理规程(试行)

3 术语和定义

管理条件:泵站工程开展标准化管理所需的硬件配置及要求。

4 管理条件

4.1 一般要求

(1)按照安全第一、科学规范、精简实用的原则,对水工建筑物、机电设备和管理设施进行规定,可有助于提升现场管理效率,降低安全风险。

（2）采用图表形式进行描述，更加直观、简洁，便于对照实施。

（3）配置标准尽量做到定量化，用数据表述。

4.2 泵站及上下游引河

（1）泵站及上下游引河应配备安全防护、安全监测及水文观测等设施。

（2）泵站上下游应配备满足工程管理需要的照明、监控设施以及工程标识牌。

（3）泵站上下游堤防应设置百米桩，堤顶道路应铺设沥青或混凝土路，路面平整、排水畅通。

（4）泵站及上下游引河管理条件，具体详见附录 A 中图 A.1、表 A.1。

4.3 厂房设备间

（1）泵站工程厂房各设备间应配备满足工程管理需要的照明、巡视、防护及安全管理设施设备。

（2）泵站工程厂房各设备间应悬挂满足工程管理需要的标识牌。

（3）泵站工程厂房各设备间管理条件，具体详见附录 A 中图 A.2 至图 A.15、表 A.2 至表 A.17。

4.4 办公区

（1）档案室、办公室等办公区应配备满足工程管理及办公需要的照明、监控及安全管理设施设备。

（2）档案室、办公室等办公区应按规范悬挂相关标识牌。

（3）档案室、办公室等办公区管理条件，具体详见附录 A 中图 A.16 至图 A.18、表 A.18。

5 考核评价

5.1 考核组织

管理条件考核由公司、分公司组织。

5.2 考核标准及内容

根据相关工程管理考核办法，对照评分标准，对现场管理单位条件配置、执行以及更新情况进行考核。

附录 A　管理条件

图 A.1　泵站及上下游引河管理条件配置示意图

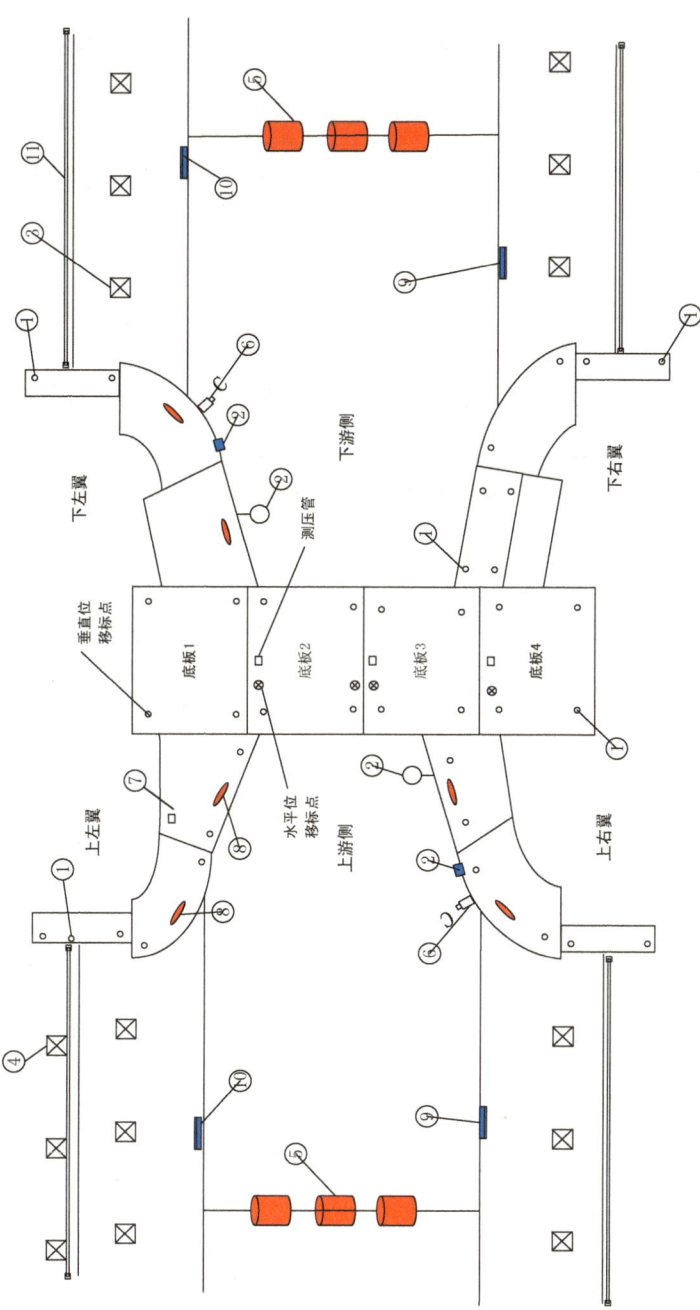

表 A.1　泵站及上下游引河管理条件配置表

序号	管理条件	配置要求
1	安全监测设施	根据规程规范及观测任务书要求,布置工程安全监测设施
2	水文观测设施	上下游边墩(或翼墙)装设水尺、超声波水位计、水文亭等水文观测设施
3	河床观测设施	根据规程规范及观测任务书要求,布置河床断面桩
4	百米桩	上下游引河因地制宜设置百米桩,参数详见《管理标识》
5	拦河设施	上下游设置拦河索及浮筒,浮筒采用红色或橙黄色
6	摄像机	上下游各设置一台智能球机,满足工程监控要求
7	照明设备	上下游设置照明设备,便于夜间观察泵站进出水池情况,灯具宜采用截光型路灯,保证亮度并避免眩光
8	防护设施	上下游翼墙、工作桥等临水处配备救生圈和救生绳等安全防护设施
9	警示标牌	禁止捕鱼、游泳、垂钓标牌,上下游各1块,参数详见《管理标识》
10	涉水法律法规宣传牌	《中华人民共和国水法》(简称《水法》)、《中华人民共和国防洪法》(简称《防洪法》)、《中华人民共和国水污染防治法》(简称《水污染防治法》)、《南水北调工程供用水管理条例》及江苏省相关条例摘录的部分内容,安装在上下游河道显眼位置,各1块,参数详见《管理标识》
11	堤顶道路	站区内部主路铺设沥青或混凝土路,路面平整、排水畅通

图 A.2 GIS 开关室管理条件配置示意图

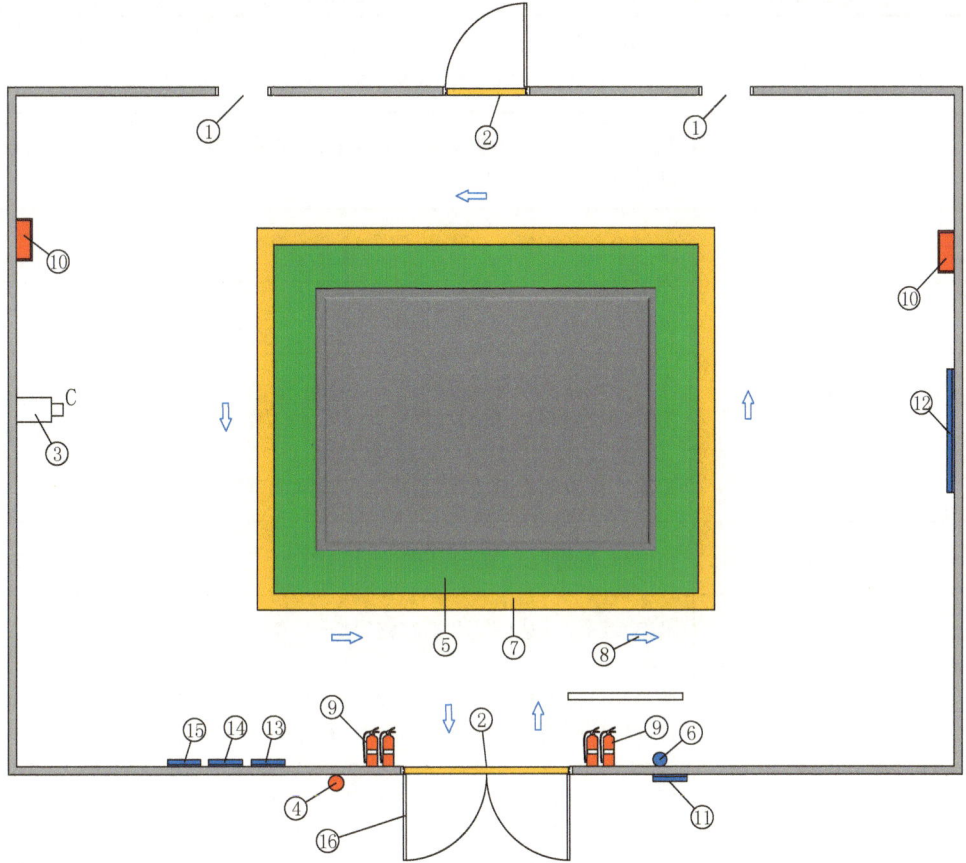

表 A.2　GIS 开关室管理条件配置表

序号	管理条件	配置要求
1	通风设施	1 台送风机(上部),1 台抽风机(下部),15 min 内换气量应达 3~5 倍的空间体积,通风孔应设防止鼠、蛇等小动物进入的网罩
2	挡鼠板	配备 40 cm 高的不锈钢材质的挡鼠板,并张贴必要的警示标志,参数详见《管理标识》
3	摄像机	电气柜正面配置 1 台智能球机,满足工程监控要求
4	气体监测装置	低位区应配备 SF_6 气体泄漏监测装置,监测 SF_6 和 O_2 的浓度
5	绝缘垫	在 GIS 设备四周铺设厚度为 12 mm 的绿色绝缘垫,室内继电保护控制柜、弱电控制箱前后铺设厚度为 5 mm 的黑色绝缘垫
6	温湿度监测装置	配置 1 台数字式温湿度监测仪,可预留接口接入自动化系统
7	警示线	在 GIS、控制柜绝缘垫周围粘贴警示线
8	巡视路线标识	沿巡视路线在地面粘贴巡视路线标识,参数详见《管理标识》
9	安全消防装置	按消防设计要求布设火灾报警装置,配备足量的灭火器。灭火器应设置在位置明显和便于取用的地点,且不得影响安全疏散
10	照明设施	配备必要的日常照明设施,并配备应急照明灯及应急逃生指示灯
11	配置标准牌、职业危害告知牌	距室外门框右侧 30 cm 处设置标牌,底部宜距地面 1.4 m,参数详见《管理标识》
12	电气一次主接线图	室内右侧墙面居中位置处设电气一次主接线图,底部宜距地面 1.4 m,参数详见《管理标识》
13	主要巡视检查内容	距室内门框左侧 50 cm 处设置主要巡视检查内容,底部宜距地面 1.4 m,参数详见《管理标识》
14	危险源告知牌	安装位置如图 A.2 所示,与相邻标牌间距 30 cm,底部宜距地面 1.4 m,参数详见《管理标识》
15	日常维护清单牌	安装位置如图 A.2 所示,与相邻标牌间距 30 cm,底部宜距地面 1.4 m,参数详见《管理标识》
16	门	采用防火门,开启方向为向外开启

图 A.3　35 kV(10 kV)开关室管理条件配置示意图

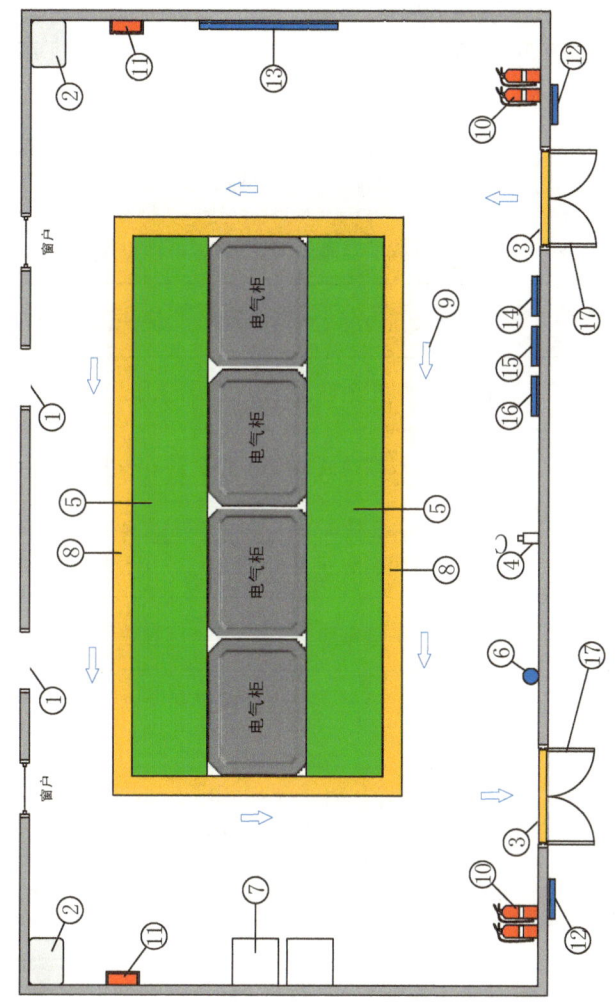

表 A.3　35 kV(10 kV)开关室管理条件配置表

序号	管理条件	配置要求
1	通风设施	配置 2 台抽风机,实现室内散热、换气、排烟功能,通风孔应设防止鼠、蛇等小动物进入的网罩
2	空调	宜配置满足温度控制要求的空调,以改善监控设备运行环境
3	挡鼠板	配备 40 cm 高的不锈钢材质的挡鼠板,并张贴必要的警示标志,参数详见《管理标识》
4	摄像机	电气柜正前方配置 1 台智能球机,满足工程监控要求
5	绝缘垫	在屏柜前后铺设绝缘垫,35 kV 使用厚度为 12 mm 的绿色绝缘垫,10 kV 使用厚度为 8 mm 的黄色绝缘垫
6	温湿度监测装置	配置 1 台数字式温湿度监测仪,可预留接口接入自动化系统
7	断路器小车	高压开关室内配 2 台断路器小车,统一靠墙摆放,标注名称用途和编号
8	警示线	在高压电气柜绝缘垫周围粘贴警示线
9	巡视路线标识	沿巡视路线在地面粘贴巡视路线标识,参数详见《管理标识》
10	安全消防装置	按消防设计要求布设火灾报警装置,配备足量的灭火器。灭火器应设置在位置明显和便于取用的地点,且不得影响安全疏散
11	照明设施	配备必要的日常照明设施,配备应急照明灯及应急逃生指示灯
12	配置标准牌、职业危害告知牌	距室外门框一侧 30 cm 处设置标牌,底部宜距地面 1.4 m,参数详见《管理标识》
13	电气一次主接线图	室内右侧墙面居中位置处设电气一次主接线图,底部宜距地面 1.4 m,参数详见《管理标识》
14	主要巡视检查内容	距室内门框左侧 50 cm 处设置主要巡视检查内容,底部宜距地面 1.4 m,参数详见《管理标识》
15	危险源告知牌	安装位置如图 A.3 所示,与相邻标牌间距 30 cm,底部宜距地面 1.4 m,参数详见《管理标识》
16	日常维护清单牌	安装位置如图 A.3 所示,与相邻标牌间距 30 cm,底部宜距地面 1.4 m,参数详见《管理标识》
17	门	采用防火门,开启方向为向外开启

图 A.4　0.4 kV 开关室管理条件配置示意图

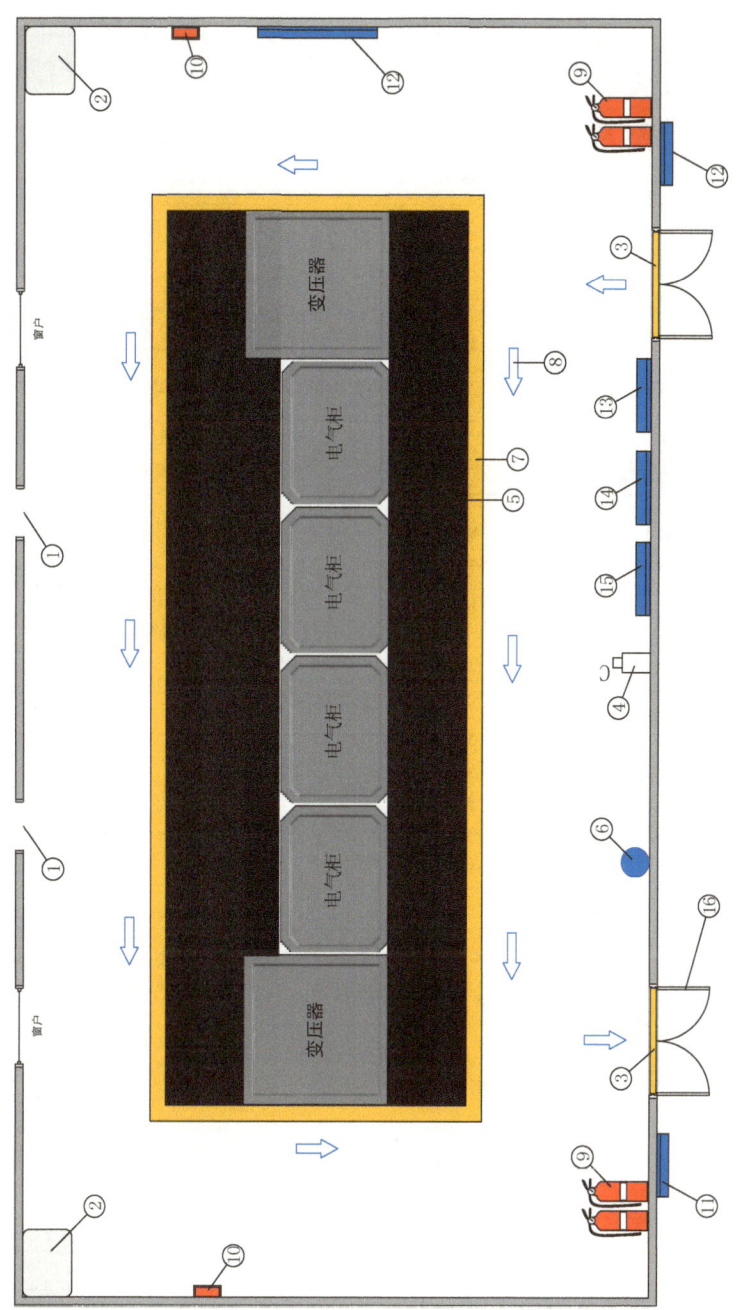

表 A.4　0.4 kV 开关室管理条件配置表

序号	管理条件	配置要求
1	通风设施	配置 2 台抽风机，实现室内散热、换气、排烟功能，通风孔应设防止鼠、蛇等小动物进入的网罩
2	空调	宜配置满足温度控制要求的空调，以改善监控设备运行环境
3	挡鼠板	配备 40 cm 高的不锈钢材质的挡鼠板，并张贴必要的警示标志，参数详见《管理标识》
4	摄像机	电气柜正前方配置 1 台智能球机，满足工程监控要求
5	绝缘垫	在屏柜前后铺设厚度为 5 mm 的黑色绝缘垫
6	温湿度监测装置	配置 1 台数字式温湿度监测仪，可预留接口接入自动化系统
7	警示线	在电气柜绝缘垫周围粘贴警示线
8	巡视路线标识	沿巡视路线在地面粘贴巡视路线标识，参数详见《管理标识》
9	安全消防装置	按消防设计要求布设火灾报警装置，配备足量的灭火器。灭火器应设置在位置明显和便于取用的地点，且不得影响安全疏散
10	照明设施	配备必要的日常照明设施，配备应急照明灯及应急逃生指示灯
11	配置标准牌、职业危害告知牌	距室外门框右侧 30 cm 处设置标牌，底部宜距地面 1.4 m，参数详见《管理标识》
12	0.4 kV 系统接线图	室内右侧墙面居中位置处设 0.4 kV 主接线图，底部宜距地面 1.4 m，参数详见《管理标识》
13	主要巡视检查内容	距室外门框左侧 50 cm 处设置主要巡视检查内容，底部宜距地面 1.4 m，参数详见《管理标识》
14	危险源告知牌	安装位置如图 A.4 所示，与相邻标牌间距 30 cm，底距地面 1.6 m，参数详见《管理标识》
15	日常维护清单牌	安装位置如图 A.4 所示，与相邻标牌间距 30 cm，底部宜距地面 1.4 m，参数详见《管理标识》
16	门	采用防火门，开启方向为向外开启

表 A.5　安全工具柜管理条件配置表

序号	管理条件	配置要求
1	安全用具柜	使用阻燃材质,外壳防护等级不低于 IP54,柜内具备湿度调节、漏电保护功能
2	接地线	2 组,每年进行一次操作棒的工频耐压试验,不超过 5 年进行一次成组直流电阻试验
3	高压验电器	1 只,每年进行一次起动电压和工频耐压试验
4	绝缘靴	2 双,每半年进行一次工频耐压试验
5	绝缘手套	2 副,每半年进行一次工频耐压试验
6	安全帽	12 只,采用 ABS 材质;按蓝、红、黄颜色配置,红色为安全生产监督及管理人员佩戴;黄色为运行或巡检人员佩戴;蓝色为检修、试验人员佩戴
7	安全绳	2 根,每年进行一次静载荷试验
8	安全带	5 根,每年进行一次静载荷试验
9	禁止合闸 有人工作	参数详见《管理标识》
10	禁止合闸 线路有人工作	参数详见《管理标识》
11	止步,高压危险	参数详见《管理标识》
12	禁止攀登 高压危险	参数详见《管理标识》
13	在此工作	参数详见《管理标识》
14	从此上下	参数详见《管理标识》
15	从此进出	参数详见《管理标识》
16	安全用具管理制度	安装在安全工具柜旁墙面上,参数详见《管理标识》

图 A.5 高压变频器室管理条件配置示意图

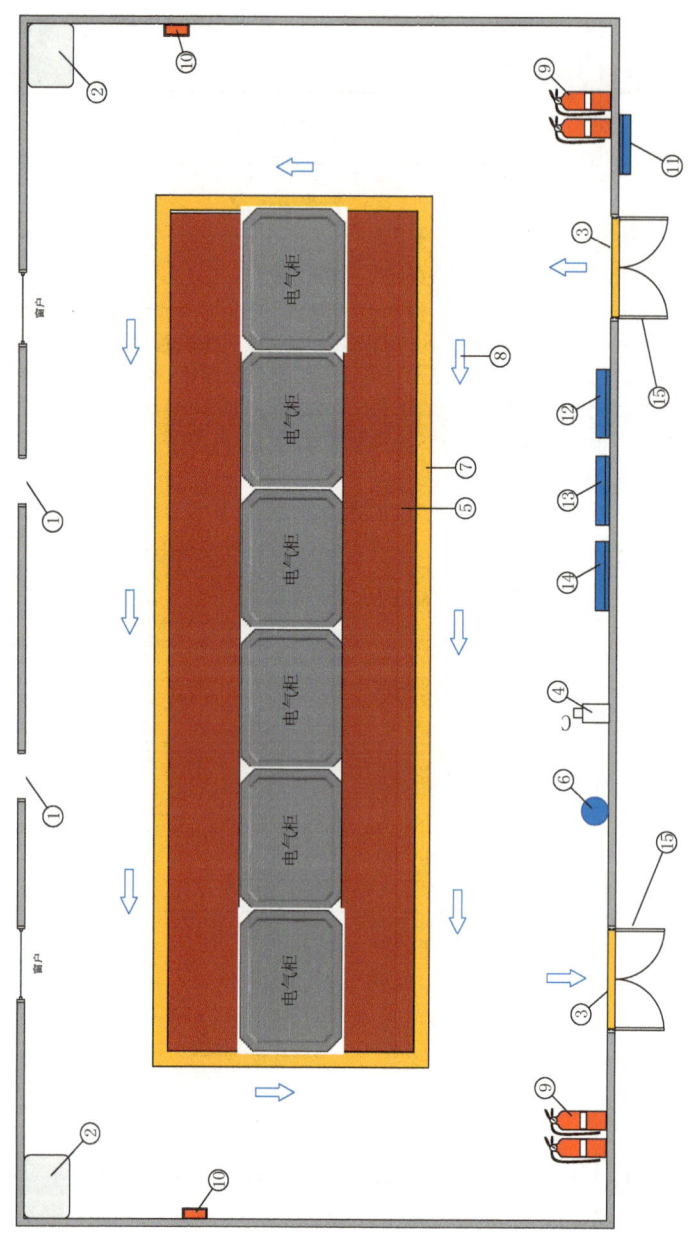

表 A.6 高压变频器室管理条件配置表

序号	管理条件	配置要求
1	通风设施	配置 2 台抽风机,实现室内散热、换气、排烟功能,通风孔应设防止鼠、蛇等小动物进入的网罩
2	空调	宜配置满足温度控制要求的空调,以改善监控设备运行环境
3	挡鼠板	配备 40 cm 高的不锈钢材质的挡鼠板,并张贴必要的警示标志,参数详见《管理标识》
4	摄像机	电气柜正前方配置 1 台智能球机,满足工程监控要求
5	绝缘垫	在屏柜前后铺设厚度为 8 mm 的红色绝缘垫
6	温湿度监测装置	配置 1 台数字式温湿度监测仪,可预留接口接入自动化系统
7	警示线	在屏柜绝缘垫周围粘贴警示线
8	巡视路线标识	沿巡视路线在地面粘贴巡视路线标识,参数详见《管理标识》
9	安全消防装置	按消防设计要求布设火灾报警装置,配备足量的灭火器。灭火器应设置在位置明显和便于取用的地点,且不得影响安全疏散
10	照明设施	配备必要的日常照明设施,配备应急照明灯及应急逃生指示灯
11	配置标准牌、职业危害告知牌	距室外门框一侧 30 cm 处设置标牌,底部宜距地面 1.4 m,参数详见《管理标识》
12	主要巡视检查内容	距室内门框左侧 50 cm 处设置主要巡视检查内容,底部宜距地面 1.4 m,参数详见《管理标识》
13	危险源告知牌	安装位置如图 A.5 所示,与相邻标牌间距 30 cm,底部宜距地面 1.4 m,参数详见《管理标识》
14	日常维护清单牌	安装位置如图 A.5 所示,与相邻标牌间距 30 cm,底部宜距地面 1.4 m,参数详见《管理标识》
15	门	采用防火门,开启方向为向外开启

图 A.6 主变室管理条件配置示意图

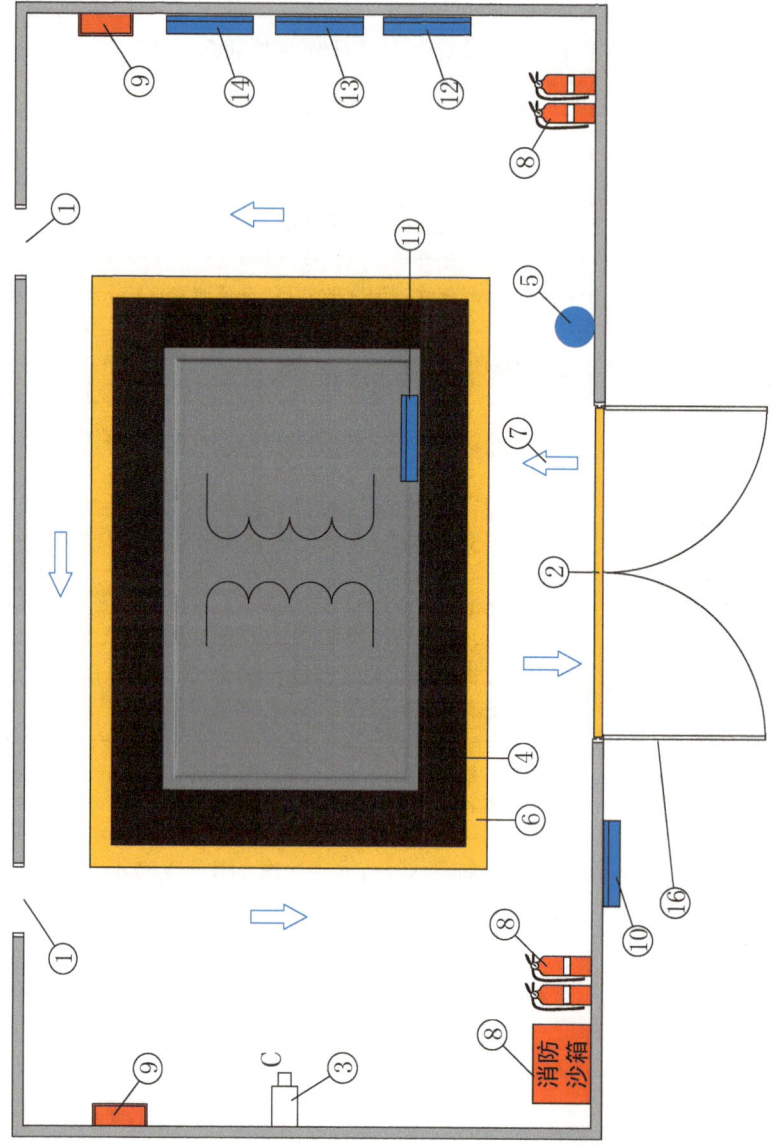

表 A.7　主变室管理条件配置表

序号	管理条件	配置要求
1	通风设施	配备2台抽风机,实现室内散热、换气、排烟功能,通风孔应设防止鼠、蛇等小动物进入的网罩
2	挡鼠板	配备40 cm高的不锈钢材质的挡鼠板,并张贴必要的警示标志,参数详见《管理标识》
3	摄像机	室内配置1台智能球机,满足工程监控要求
4	绝缘垫	在室内排风机配电箱、端子箱前铺设厚度为5 mm的黑色绝缘垫
5	温湿度监测装置	配置1台数字式温湿度监测仪,可预留接口接入自动化系统
6	警示线	在配电箱、控制箱周围粘贴警示线
7	巡视路线标识	沿巡视路线在地面粘贴巡视路线标识,参数详见《管理标识》
8	安全消防装置	按消防设计要求布设火灾报警装置,配备足量的灭火器和消防沙,配2把消防锹、2只消防沙桶,灭火器应设置在位置明显和便于取用的地点,且不得影响安全疏散
9	照明设施	配备必要的日常照明设施,配备应急照明灯及应急逃生指示灯
10	配置标准牌、职业危害告知牌	距室外门框一侧30 cm处设置标牌,底部宜距地面1.4 m,参数详见《管理标识》
11	禁止攀登、高压危险	在变压器爬梯上粘贴此警示牌,参数详见《管理标识》
12	主要巡视检查内容	距室内一侧墙上设置主要巡视检查内容,底部宜距地面1.4 m,参数详见《管理标识》
13	危险源告知牌	安装位置如图A.6所示,与相邻标牌间距30 cm,底部宜距地面1.4 m,参数详见《管理标识》
14	日常维护清单牌	安装位置如图A.6所示,与相邻标牌间距30 cm,底部宜距地面1.4 m,参数详见《管理标识》
15	油浸式变压器外廓与室壁最小净距	变压器与后壁、侧壁之间最小净距为0.6 m,变压器与门之间最小净距为0.8 m
16	门	采用防火门,开启方向为向外开启

图 A.7　LCU 屏柜室管理条件配置示意图

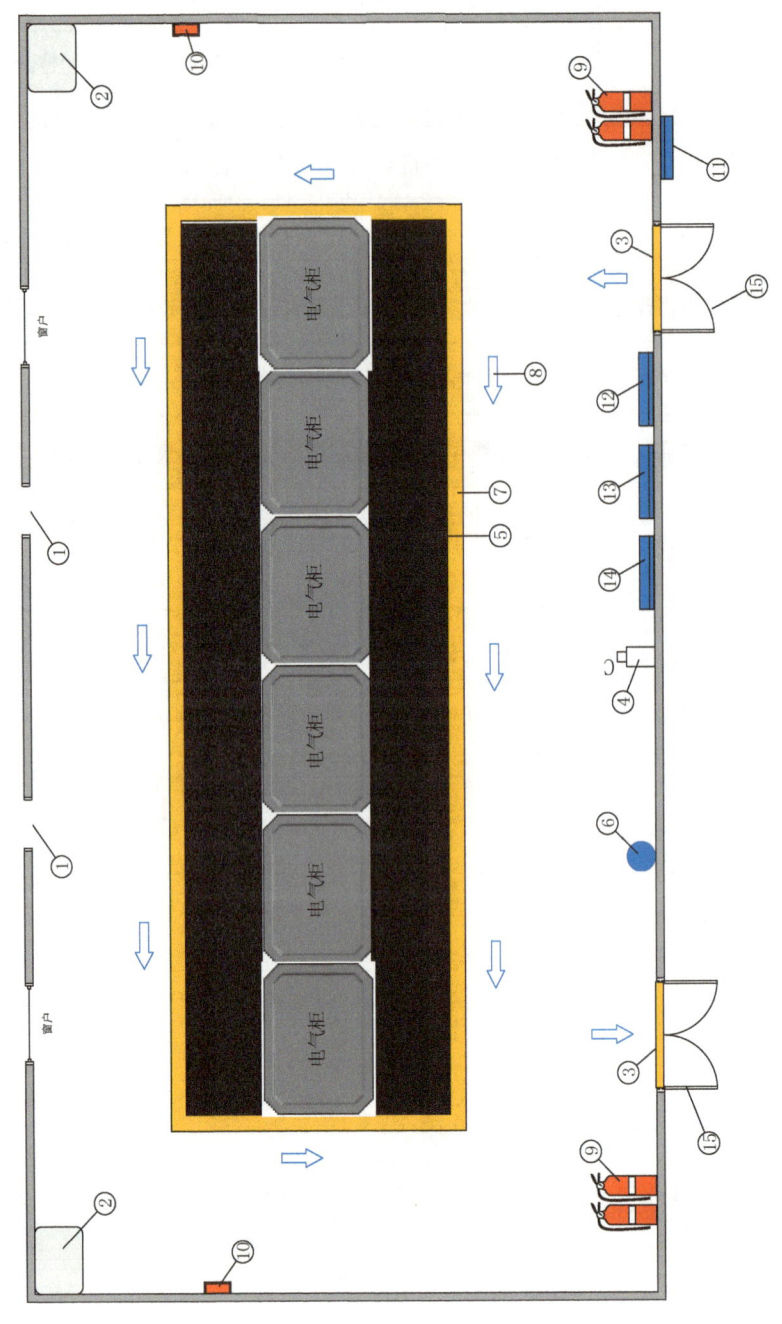

表 A.8 LCU 屏柜室管理条件配置表

序号	管理条件	配置要求
1	通风设施	配置 2 台抽风机,实现室内散热、换气、排烟,通风孔应设防止鼠、蛇等小动物进入的网罩
2	空调	应配置满足温度控制要求的空调,以改善监控设备运行环境
3	挡鼠板	配备 40 cm 高的不锈钢材质的挡鼠板,并张贴必要的警示标志,参数详见《管理标识》
4	摄像机	电气柜正前方配置 1 台智能球机,满足工程监控要求
5	绝缘垫	在屏柜前后铺设厚度为 5 mm 的黑色绝缘垫
6	温湿度监测装置	配置 1 台数字式温湿度监测仪,可预留接口接入自动化系统
7	警示线	在屏柜绝缘垫周围粘贴警示线
8	巡视路线标识	沿巡视路线在地面粘贴巡视路线标识,参数详见《管理标识》
9	安全消防装置	按消防设计要求布设火灾报警装置,配备足量的灭火器。灭火器应设置在位置明显和便于取用的地点,且不得影响安全疏散
10	照明设施	配备必要的日常照明设施,配备应急照明灯及应急逃生指示灯
11	配置标准牌、职业危害告知牌	距室外门框一侧 30 cm 处设置标牌,底部宜距地面 1.4 m,参数详见《管理标识》
12	主要巡视检查内容	距室内门框左侧 50 cm 处设置主要巡视检查内容,底部宜距地面 1.4 m,参数详见《管理标识》
13	危险源告知牌	安装位置如图 A.7 所示,与相邻标牌间距 30 cm,底部宜距地面 1.4 m,参数详见《管理标识》
14	日常维护清单牌	安装位置如图 A.7 所示,与相邻标牌间距 30 cm,底部宜距地面 1.4 m,参数详见《管理标识》
15	门	采用防火门,开启方向为向外开启

图 A.8 励磁室管理条件配置示意图

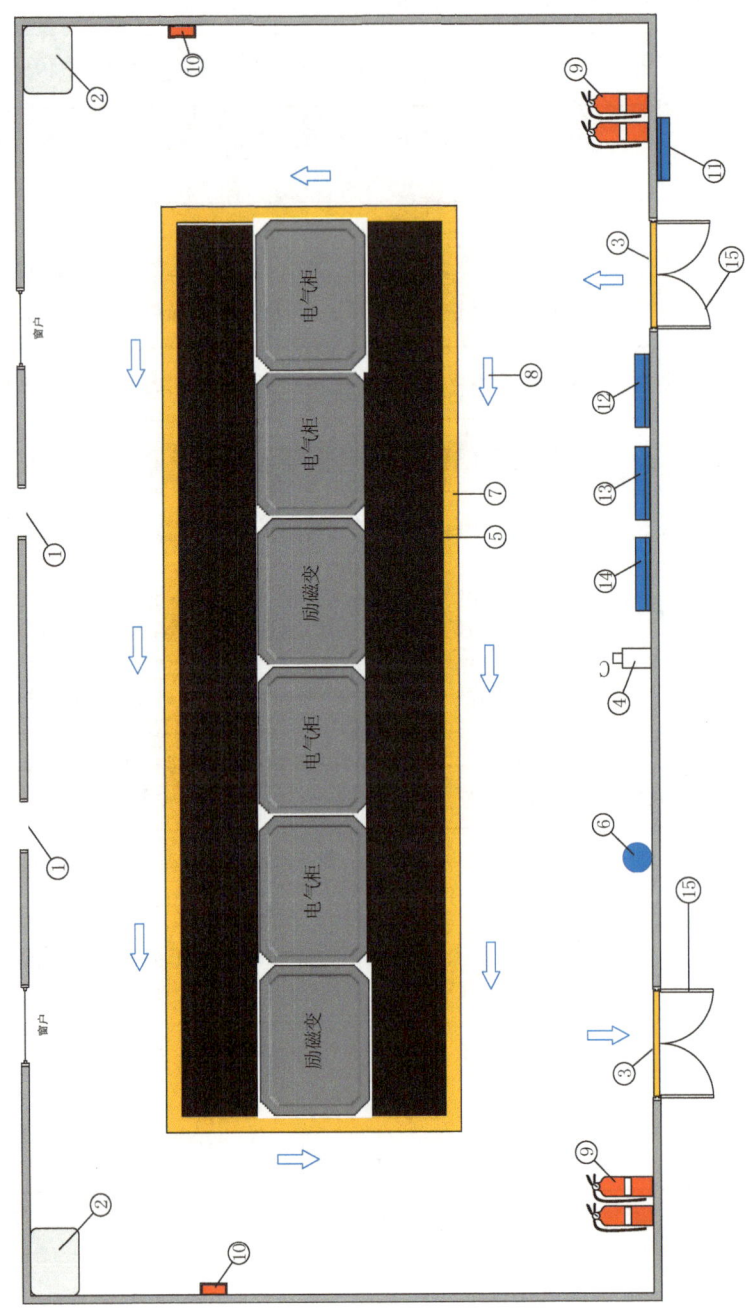

表 A.9　励磁室管理条件配置表

序号	管理条件	配置要求
1	通风设施	配置 2 台抽风机,实现室内散热、换气、排烟,通风孔应设防止鼠、蛇等小动物进入的网罩
2	空调	宜配置满足温度控制要求的空调,以改善监控设备运行环境
3	挡鼠板	配备 40 cm 高的不锈钢材质的挡鼠板,并张贴必要的警示标志,参数详见《管理标识》
4	摄像机	电气柜正前方配置 1 台智能球机,满足工程监控要求
5	绝缘垫	在屏柜前后铺设厚度为 5 mm 的黑色绝缘垫
6	温湿度监测装置	配置 1 台数字式温湿度监测仪,可预留接口接入自动化系统
7	警示线	在屏柜绝缘垫周围粘贴警示线
8	巡视路线标识	沿巡视路线在地面粘贴巡视路线标识,参数详见《管理标识》
9	安全消防装置	按消防设计要求布设火灾报警装置,配备足量的灭火器。灭火器应设置在位置明显和便于取用的地点,且不得影响安全疏散
10	照明设施	配备必要的日常照明设施,配备应急照明灯及应急逃生指示灯
11	配置标准牌、职业危害告知牌	距室外门框一侧 30 cm 处设置标牌,底部宜距地面 1.4 m,参数详见《管理标识》
12	主要巡视检查内容	距室内门框左侧 50 cm 处设置主要巡视检查内容,底部宜距地面 1.4 m,参数详见《管理标识》
13	危险源告知牌	安装位置如图 A.8 所示,与相邻标牌间距 30 cm,底部宜距地面 1.4 m,参数详见《管理标识》
14	日常维护清单牌	安装位置如图 A.8 所示,与相邻标牌间距 30 cm,底部宜距地面 1.4 m,参数详见《管理标识》
15	门	采用防火门,开启方向为向外开启

图 A.9 中央控制室管理条件配置示意图

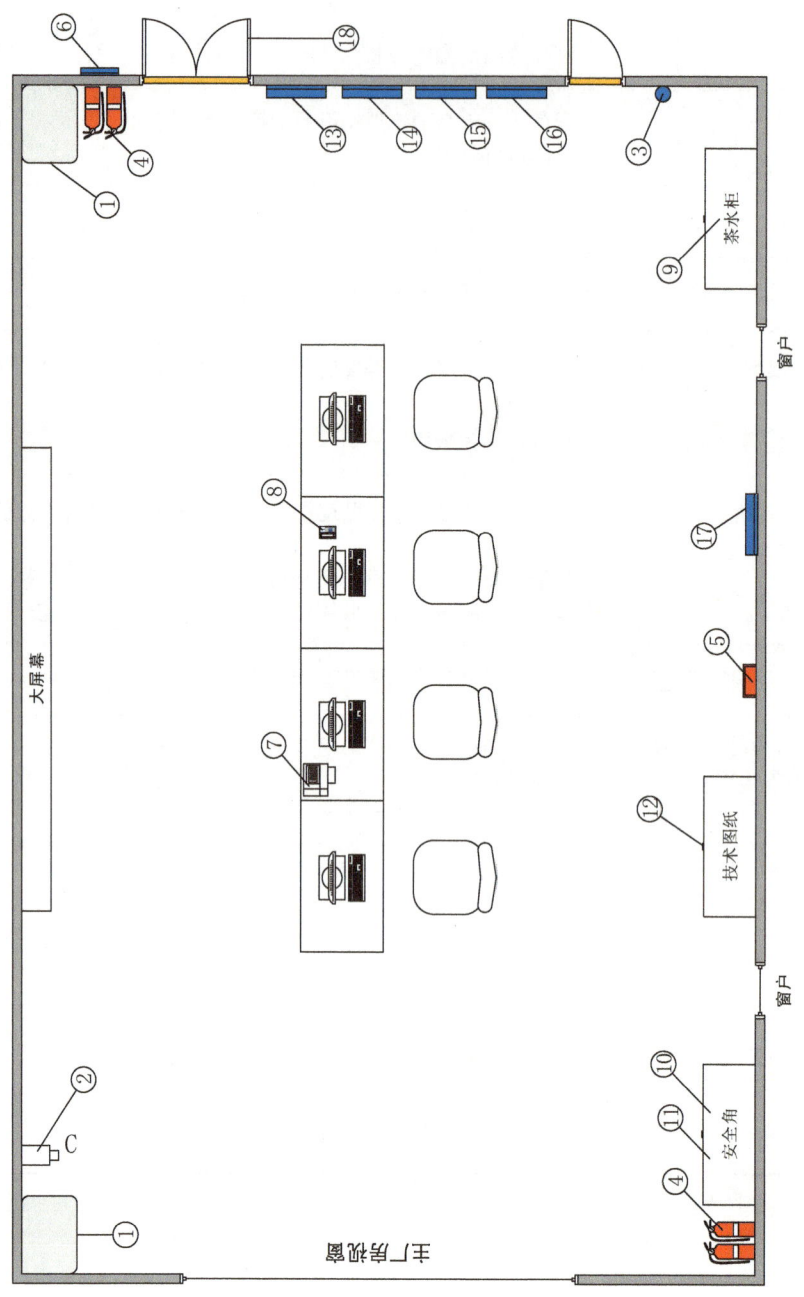

表 A.10　中央控制室管理条件配置表

序号	管理条件	配置要求
1	空调	应配置满足温度控制要求的空调,以改善监控设备运行环境
2	摄像机	中控台左前方配置1台智能球机,满足工程监控要求
3	温湿度监测装置	配置1台数字式温湿度监测仪,可预留接口接入自动化系统
4	安全消防装置	按消防设计要求布设火灾报警装置,配备足量的灭火器。灭火器应设置在位置明显和便于取用的地点,且不得影响安全疏散
5	照明设施	配备必要的日常照明设施,配备应急照明灯及应急逃生指示灯
6	安全告知牌配置标准牌	距室外门框一侧30 cm处设置安全告知牌标牌,底部宜距地面1.4 m,参数详见《管理标识》
7	打印机	中控台配置A3激光打印机1台
8	值班电话	中控台配置电力调度专线电话、防汛值班电话(带传真功能)
9	茶水柜	用于放置值班人员茶杯、水壶器具等
10	安全角	放置5顶安全帽、5只对讲机、5只应急照明灯、2只红外线讲解笔、1只录音笔以及钥匙盒等
11	规程规范资料	泵站技术管理规程、泵站操作作业指导书、泵站巡视检查作业指导书、电力安全工作规程、现场应急处置方案等放在安全角
12	技术图纸资料	备有泵站电气一次二次接线图、油气水辅机系统图、平立剖面图等
13	计算机监控系统管理制度	距室内门框左侧50 cm处设置计算机监控系统管理制度,底部宜距地面1.4 m,参数详见《管理标识》
14	运行值班制度	安装位置如图A.9所示,与相邻标牌间距30 cm,底部宜距地面1.4 m,参数详见《管理标识》
15	交接班制度	安装位置如图A.9所示,与相邻标牌间距30 cm,底部宜距地面1.4 m,参数详见《管理标识》
16	巡回检查制度	安装位置如图A.9所示,与相邻标牌间距30 cm,底部宜距地面1.4 m,参数详见《管理标识》
17	工作票、操作票签发人公示牌	中控台后方墙面设置工作票、操作票签发人公示牌,底部宜距地面1.4 m,参数详见《管理标识》
18	门	采用防火门,开启方向为向外开启
19	接地	场地的接地电阻不应大于1 Ω

图 A.10 电机层管理条件配置示意图

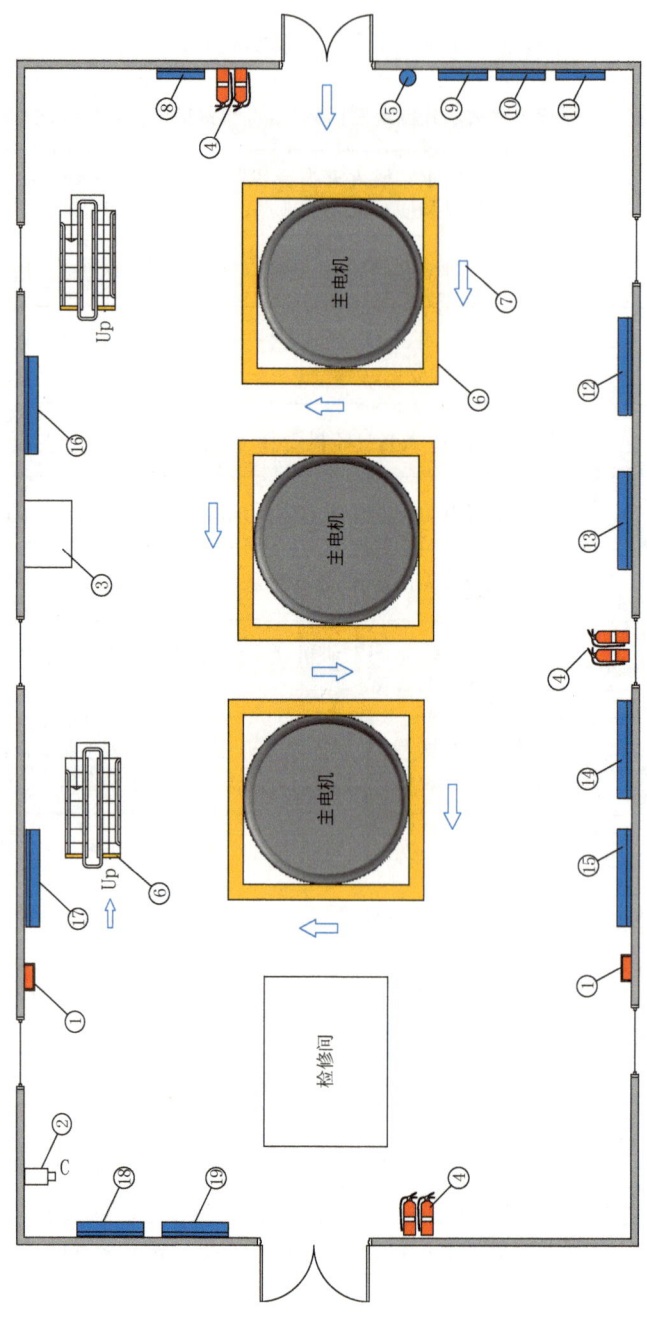

表 A.11　电机层管理条件配置表

序号	管理条件	配置要求
1	照明设施	配备必要的日常照明设施,配备应急照明灯及应急逃生指示灯
2	摄像机	墙角配置1台智能球机,满足工程监控要求
3	专用移动工具车	放置必要的扳手、锤子、万用表、螺丝刀等常用的检修工具及手套等劳保用品
4	安全消防装置	按消防设计要求布设火灾报警装置,配备足量的灭火器。灭火器应设置在位置明显和便于取用的地点,且不得影响安全疏散
5	温湿度监测装置	配置1台数字式温湿度监测仪,可预留接口接入自动化系统
6	警示线	在主电机周围及楼梯上下第一台阶处粘贴警示线
7	巡视路线标识	沿巡视路线在地面粘贴巡视路线标识,参数详见《管理标识》
8	导示标志牌	距室内门框一侧30 cm处设置导示标识牌,底部宜距地面1.4 m,参数详见《管理标识》
9	电机层主要巡视检查内容	距室内门框左侧50 cm处设置巡回检查制度,底部宜距地面1.4 m,参数详见《管理标识》
10	电机层危险源告知牌、职业危害告知牌	安装位置如图 A.10 所示,与相邻标牌间距30 cm,底部宜距地面1.4 m,参数详见《管理标识》
11	电机层日常维护清单	安装位置如图 A.10 所示,与相邻标牌间距30 cm,底部宜距地面1.4 m,参数详见《管理标识》
12	泵站平、立、剖面图	安装位置如图 A.10 所示,底部宜距地面1.4 m,参数详见《管理标识》
13	泵站巡视路线图	安装位置如图 A.10 所示,底部宜距地面1.4 m,参数详见《管理标识》
14	主要电气设备揭示图	安装位置如图 A.10 所示,底部宜距地面1.4 m,参数详见《管理标识》
15	主要机械设备揭示图	安装位置如图 A.10 所示,与相邻标牌间距30 cm,底部宜距地面1.4 m,参数详见《管理标识》
16	泵站主要危险源统计汇总表	安装位置如图 A.10 所示,底部宜距地面1.4 m,参数详见《管理标识》
17	电机层消防布置及逃生路线图	安装位置如图 A.10 所示,底部宜距地面1.4 m,参数详见《管理标识》
18	行车安全操作规程	安装位置如图 A.10 所示,底部宜距地面1.4m,参数详见《管理标识》
19	行车十不吊	安装位置如图 A.10 所示,与相邻标牌距离30 cm,底部宜距地面1.4 m,参数详见《管理标识》

图 A.11　联轴层管理条件配置示意图

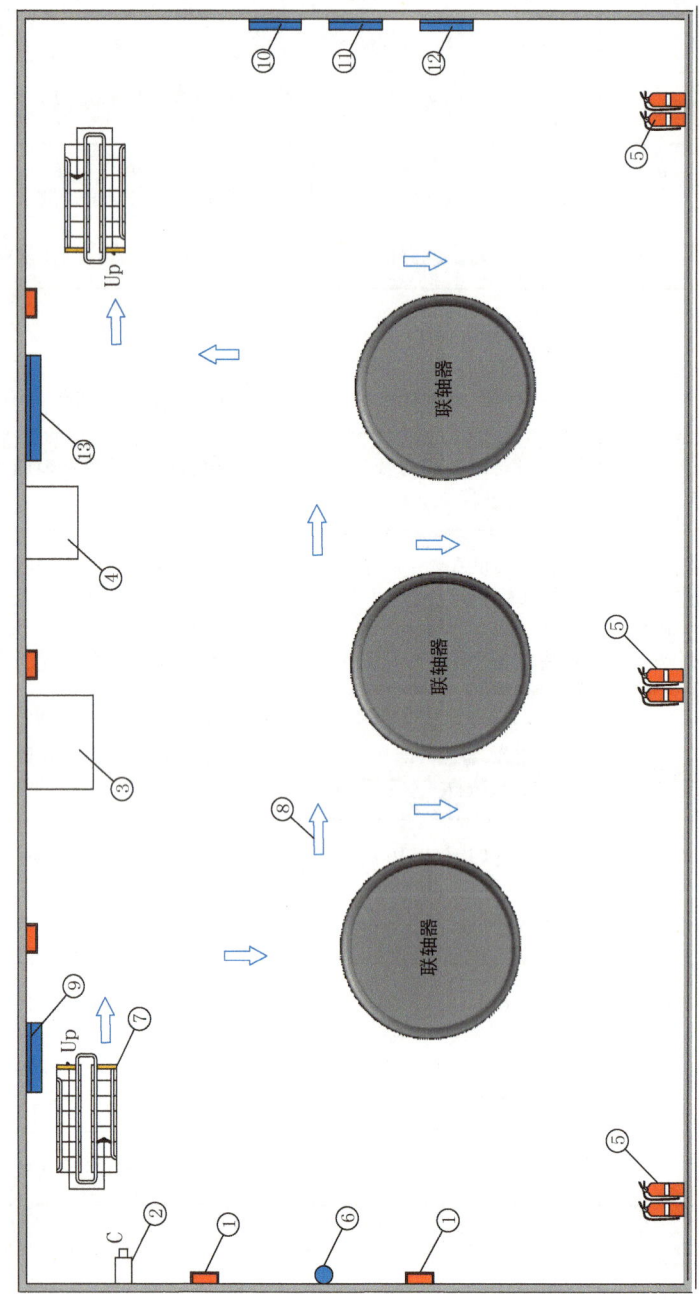

表 A.12 联轴层管理条件配置表

序号	管理条件	配置要求
1	照明设施	配备必要的日常照明设施,配备应急照明灯及应急逃生指示灯
2	摄像机	墙角配置1台智能球机,满足工程监控要求
3	主机组顶车装置	按照机组厂家或相关规范要求配置
4	专用移动工具车	放置必要的扳手、锤子、万用表、螺丝刀等常用的检修工具及手套等劳保用品
5	安全消防装置	按消防设计要求布设火灾报警装置,配备足量的灭火器。灭火器应设置在位置明显和便于取用的地点,且不得影响安全疏散
6	温湿度监测装置	配置1台数字式温湿度监测仪,可预留接口接入自动化系统
7	警示线	在楼梯上下第一台阶处粘贴警示线
8	巡视路线标识	沿巡视路线在地面粘贴巡视路线标识,参数详见《管理标识》
9	导示标志牌	安装位置如图 A.11 所示,安装在楼梯处,底部宜距地面1.4 m,参数详见《管理标识》
10	联轴层主要巡视检查内容	安装位置如图 A.11 所示,与相邻标牌间距 30 cm,底部宜距地面1.4 m,参数详见《管理标识》
11	联轴层危险源告知牌、职业危害告知牌	定位标牌安装位置如图 A.11 所示,墙面居中位置安装,与相邻标牌间距30 cm,底部宜距地面1.4 m,参数详见《管理标识》
12	联轴层设备日常维护清单	安装位置如图 A.11 所示,与相邻标牌间距 30 cm,底部宜距地面1.4 m,参数详见《管理标识》
13	联轴层消防布置及逃生路线图	安装位置如图 A.11 所示,底部宜距地面1.4 m,参数详见《管理标识》

图 A.12 水泵层管理条件配置示意图

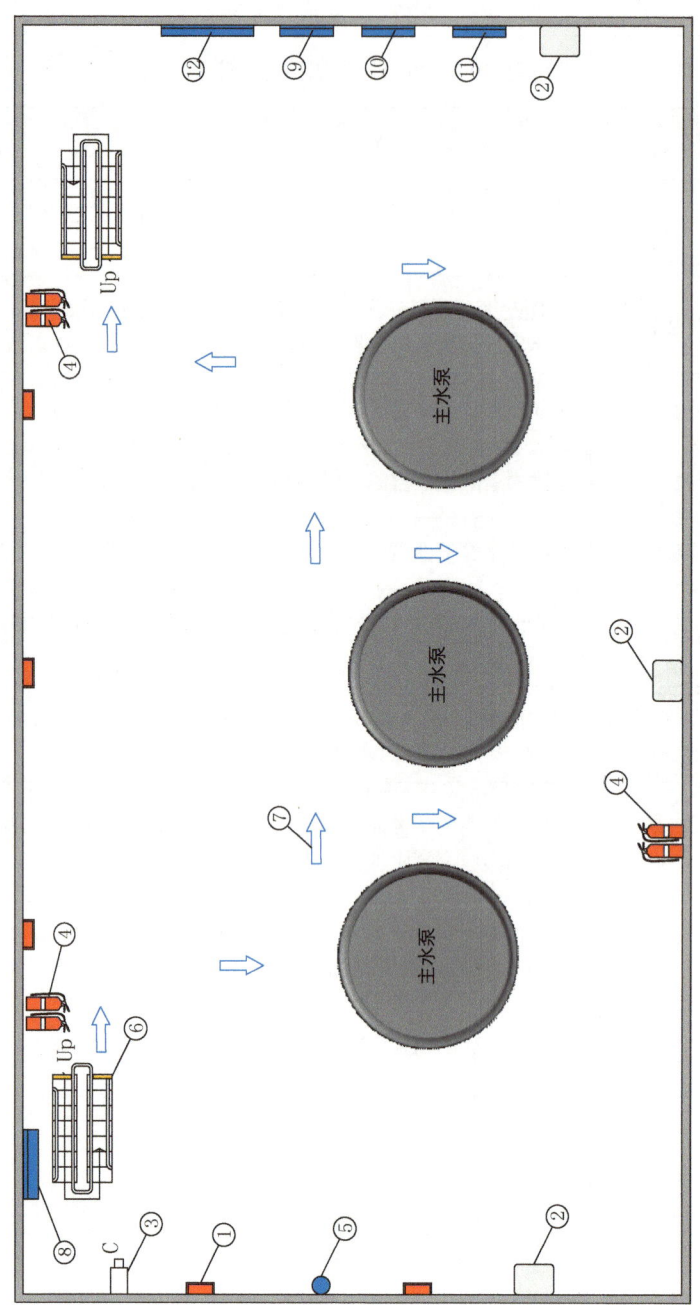

表 A.13 水泵层管理条件配置表

序号	管理条件	配置要求
1	照明设施	配备必要的日常照明设施,配备应急照明灯及应急逃生指示灯
2	除湿机	湿度设置应满足该层设备安全运行要求
3	摄像机	墙角配置1台智能球机,满足工程监控要求
4	安全消防装置	按消防设计要求布设火灾报警装置,配备足量的灭火器。灭火器应设置在位置明显和便于取用的地点,且不得影响安全疏散
5	温湿度监测装置	配置1台数字式温湿度监测仪,可预留接口接入自动化系统
6	警示线	在楼梯上下第一台阶处粘贴警示线
7	巡视路线标识	沿巡视路线在地面粘贴巡视路线标识,参数详见《管理标识》
8	导示标志牌	安装位置如图 A.12 所示,安装在楼梯处,底部宜距地面 1.4 m,参数详见《管理标识》
9	水泵层主要巡视检查内容	安装位置如图 A.12 所示,与相邻标牌间距 30 cm,底部宜距地面 1.4 m,参数详见《管理标识》
10	水泵层危险源告知牌、职业危害告知牌	定位标牌安装位置如图 A.12 所示,墙面居中位置安装,与相邻标牌间距 30 cm,底部宜距地面 1.4 m,参数详见《管理标识》
11	水泵层设备日常维护清单	安装位置如图 A.12 所示,与相邻标牌间距 30 cm,底部宜距地面 1.4 m,参数详见《管理标识》
12	消防布置及逃生路线图	安装位置如图 A.12 所示,底部宜距地面 1.4 m,参数详见《管理标识》

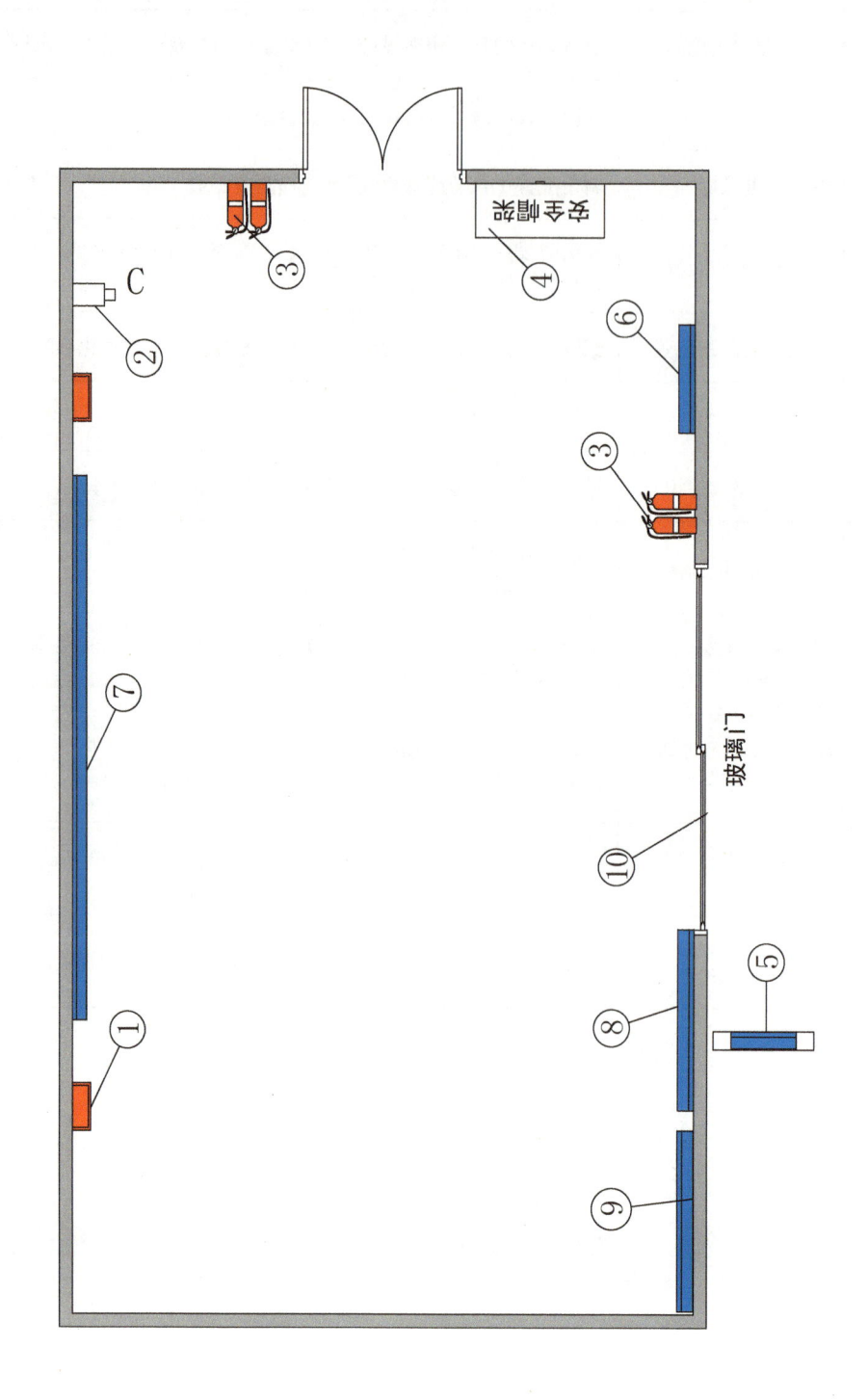

图 A.13　门厅管理条件配置示意图

表 A.14　门厅管理条件配置表

序号	管理条件	配置要求
1	照明设施	配备必要的日常照明设施,配备应急照明灯及应急逃生指示灯
2	摄像机	墙角配置1台智能球机,满足工程监控要求
3	安全消防装置	按消防设计要求布设火灾报警装置,配备足量的灭火器。灭火器应设置在位置明显和便于取用的地点,且不得影响安全疏散
4	安全帽架	放置20顶白色安全帽
5	参观须知告知牌	设置在门厅入口显眼的位置,告知外来参观人员注意事项
6	导示标识牌	安装位置如图A.13所示,底部宜距地面1.4 m,参数详见《管理标识》
7	调水水系图	在门厅墙壁明显位置装设南水北调东线调水水系图
8	工程概况简介牌	安装位置如图A.13所示,门厅室内入口墙面,底部宜距地面1.4 m,参数详见《管理标识》
9	建设、运行管理简介牌	安装位置如图A.13所示,底部宜距地面1.4 m,参数详见《管理标识》
10	门	设置自动开启玻璃门,采用12 mm厚度钢化玻璃,设指纹或刷脸门禁

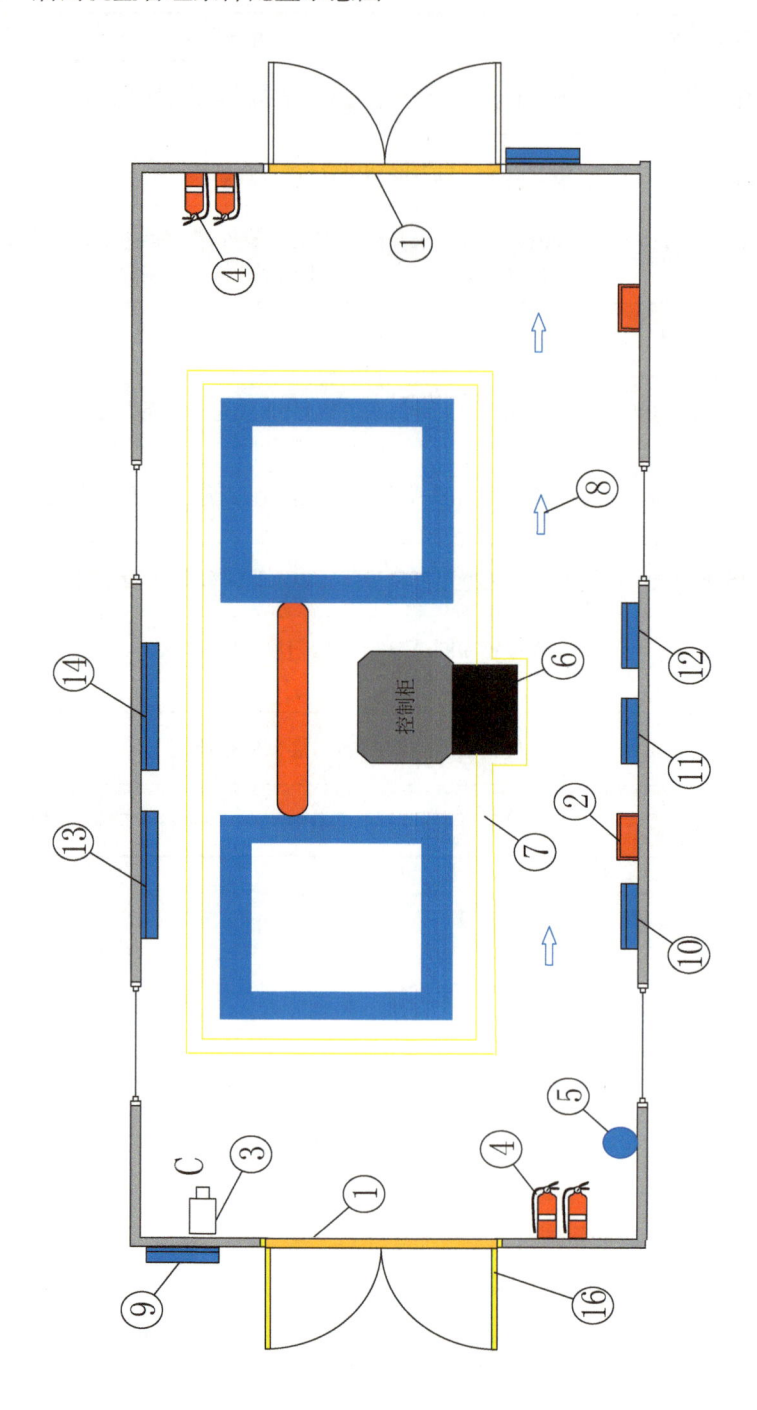

图 A.14　启闭机室管理条件配置示意图

表 A.15　启闭机室管理条件配置表

序号	管理条件	配置要求
1	挡鼠板	配备 40 cm 高的不锈钢材质的挡鼠板,并张贴必要的警示标志,样品见标识标牌标准,参数详见《管理标识》
2	照明设施	配备必要的日常照明设施,配备应急照明灯及应急逃生指示灯
3	摄像机	启闭机室内配置 1 台智能球机,满足工程监控要求
4	安全消防装置	按消防设计要求布设火灾报警装置,配备足量的灭火器。灭火器应设置在位置明显和便于取用的地点,且不得影响安全疏散
5	温湿度监测装置	配置 1 台数字式温湿度监测仪,可预留接口接入自动化系统
6	绝缘垫	在屏柜前后铺设厚度为 5 mm 的绝缘垫
7	警示线	在电气柜绝缘垫周围粘贴警示线
8	巡视路线标识	在地面粘贴巡视路线标识,参数详见《管理标识》
9	配置标准牌	距室外门框一侧 30 cm 处设置门牌及标牌,底部宜距地面 1.4 m,参数详见《管理标识》
10	主要巡视检查内容	位置如图 A.14 所示,底部宜距地面 1.4 m,参数详见《管理标识》
11	危险源告知牌	位置如图 A.14 所示,底部宜距地面 1.4 m,参数详见《管理标识》
12	日常维护清单	位置如图 A.14 所示,底部宜距地面 1.4 m,参数详见《管理标识》
13	水闸平立剖面图	位置如图 A.14 所示,底部宜距地面 1.4 m,参数详见《管理标识》
14	主要机电设备揭示图	位置如图 A.14 所示,底部宜距地面 1.4 m,参数详见《管理标识》
15	闸门开度计	闸门开度显示方式为 LED 或 LCD;具备上限、下限、下滑、超差报警参数,预置功能预置范围 0~99.99 m;具有超限声光提示报警功能
16	门	采用防火门,开启方向为向外开启

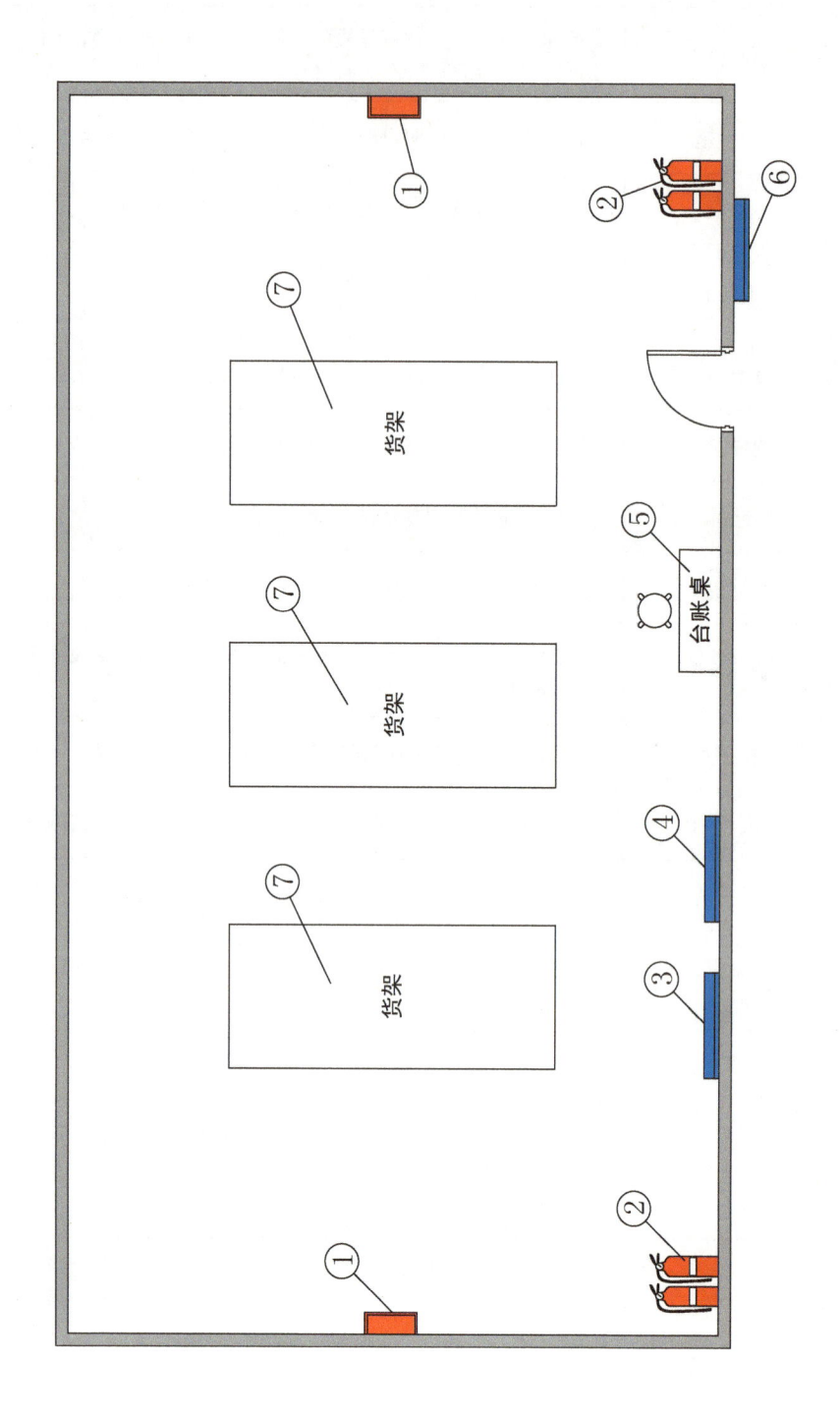

图 A.15　防汛物资及备品件仓库管理条件配置示意图

表 A.16 防汛物资及备品件仓库管理条件配置表

序号	管理条件	配置要求
1	照明设施	配备必要的日常照明设施,灯具采用防爆灯,配备应急照明灯及应急逃生指示灯
2	安全消防装置	按消防设计要求布设火灾报警装置,配备足量的灭火器。灭火器应设置在位置明显和便于取用的地点,且不得影响安全疏散
3	防汛物资及备品件管理制度	安装位置如图 A.15 所示,底部宜距地面 1.4 m,参数详见《管理标识》
4	防汛物资调运图	安装位置如图 A.15 所示,与相邻标牌间距 30 cm,底部宜距地面 1.4 m,参数详见《管理标识》
5	防汛物资及备品件管理台账	包括采购、出入库、报废等记录
6	配置标准牌	距室外门框一侧 30 cm 处设置门牌及标牌,底部宜距地面 1.4 m,参数详见《管理标识》
7	抢险及救生物资	按照《南水北调江苏水源公司防汛物资储备管理办法(试行)》要求,合理存储抢险及救生物资

表 A.17 五金工具仓库管理条件配置表

序号	管理条件	配置要求
1	手钳	钢丝钳、扁嘴钳、圆嘴钳、尖嘴钳、大力钳、羊角起钉钳、剥线钳、紧线钳、压线钳、线缆钳、水泵钳
2	扳手	活扳手、呆扳手、两用扳手、内四方扳手、内六角扳手、内六角花形扳手、液压转矩扳手、手动套筒扳手、六角套筒扳手、管活两用扳手、快速管子扳手、阀门扳手、扭力扳手、丝锥扳手、增力扳手、消火栓扳手
3	旋具	内六角花形螺钉旋具、十字槽螺钉旋具、一字槽螺钉旋具
4	锤	钳工锤、羊角锤、圆头锤、电工锤
5	剪	纺织手用剪、民用剪、剪枝剪
6	锹与镐	钢锹、钢镐
7	凿	木凿、石工凿、平口凿
8	锯	手用钢锯条、钢锯架
9	电工指示仪表	电流表及电压表、电阻表、功率表和电能表、多功能电能表、万用电表
10	测量工具	游标卡尺、内测千分尺、外径千分尺、金属直尺、钢卷尺、三角尺、塞尺、水平尺、螺纹量规、内六角量规、测距仪
11	钻	成套麻花钻、中心钻、手摇钻
12	丝锥	长柄螺母丝锥、统一螺纹丝锥
13	砂磨器具	磨钢球砂轮、工具磨和工具室用砂轮、手持抛光磨石
14	常用电动工具	电钻、电动冲击扳手、电动刀锯、电动螺丝刀、电动自攻螺丝刀、电圆锯、冲击电钻、电锤、抛光机、角向磨光机
15	起重器材	活头千斤顶、油压千斤顶、环链手扳葫芦、防爆钢丝绳电动葫芦
16	常用焊接工具	电焊钳、电焊机

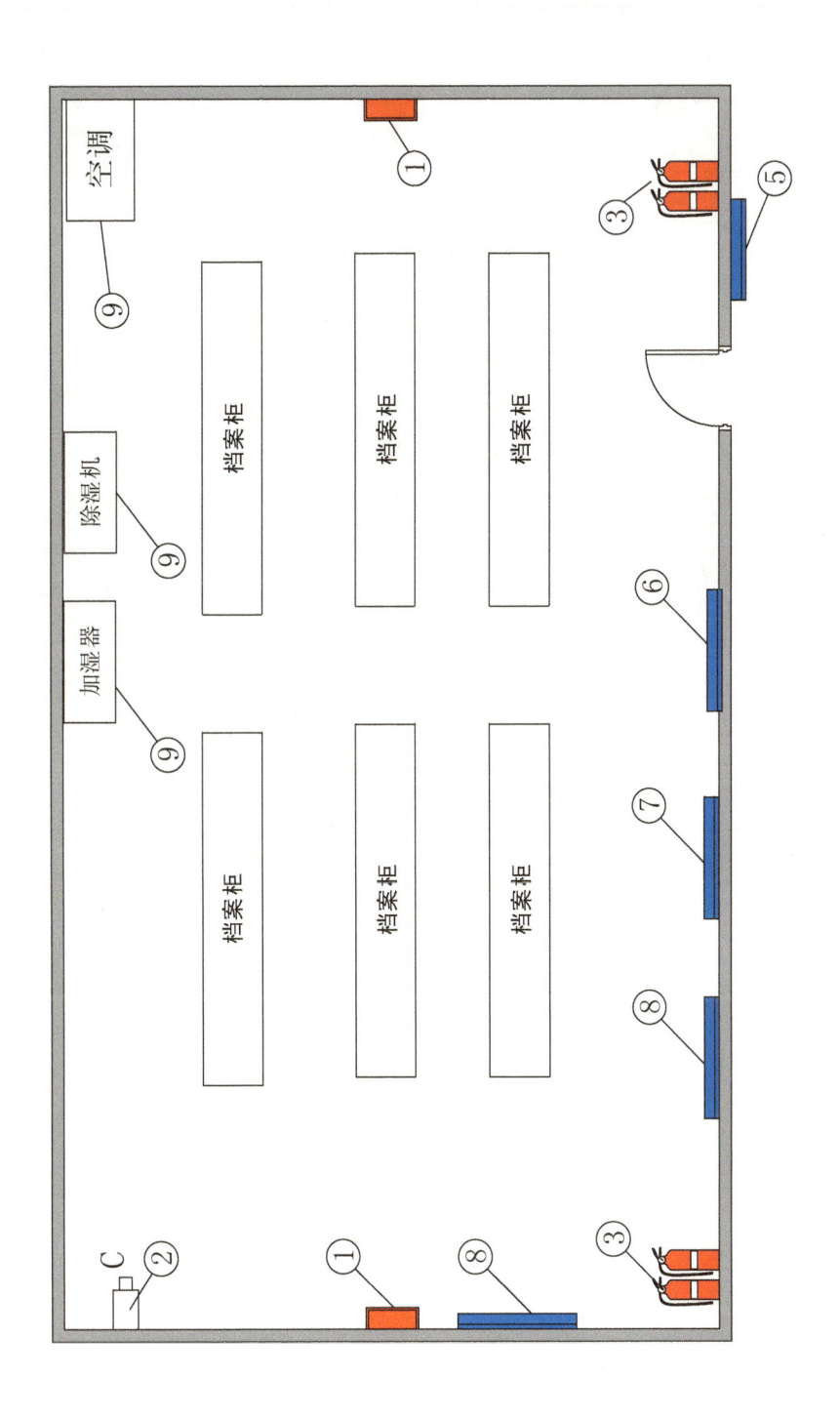

图 A.16　档案库房管理条件配置示意图

表 A.18　档案库房管理条件配置表

序号	管理条件	配置要求
1	照明设施	配备必要的日常照明设施,照明灯具宜选用乳白色灯罩的白炽灯,配备应急照明灯及应急逃生指示灯
2	摄像机	墙角配置1台具有红外夜视功能的摄像机,满足监控要求
3	安全消防装置	按消防设计要求布设火灾报警装置,配备足量的二氧化碳灭火器。灭火器应设置在位置明显和便于取用的地点,且不得影响安全疏散
4	十防措施	满足防盗、防水、防火、防潮、防尘、防鼠、防虫、防高温、防强光、防泄密要求
5	门牌	距室外门框一侧30 cm处设置档案室门牌,底部宜距地面1.4 m,参数详见《管理标识》
6	档案管理制度	安装位置如图A.16所示,底部宜距地面1.4 m,参数详见《管理标识》
7	科技档案存档保管制度	安装位置如图A.16所示,底部宜距地面1.4 m,参数详见《管理标识》
8	档案查阅制度	安装位置如图A.16所示,底部宜距地面1.4m,参数详见《管理标识》
9	温湿度控制	应配备空调、除湿机、加湿器等调温调湿设备,温度控制在14～24 ℃,相对湿度控制在45%～60%

管理条件、管理标识、管理安全

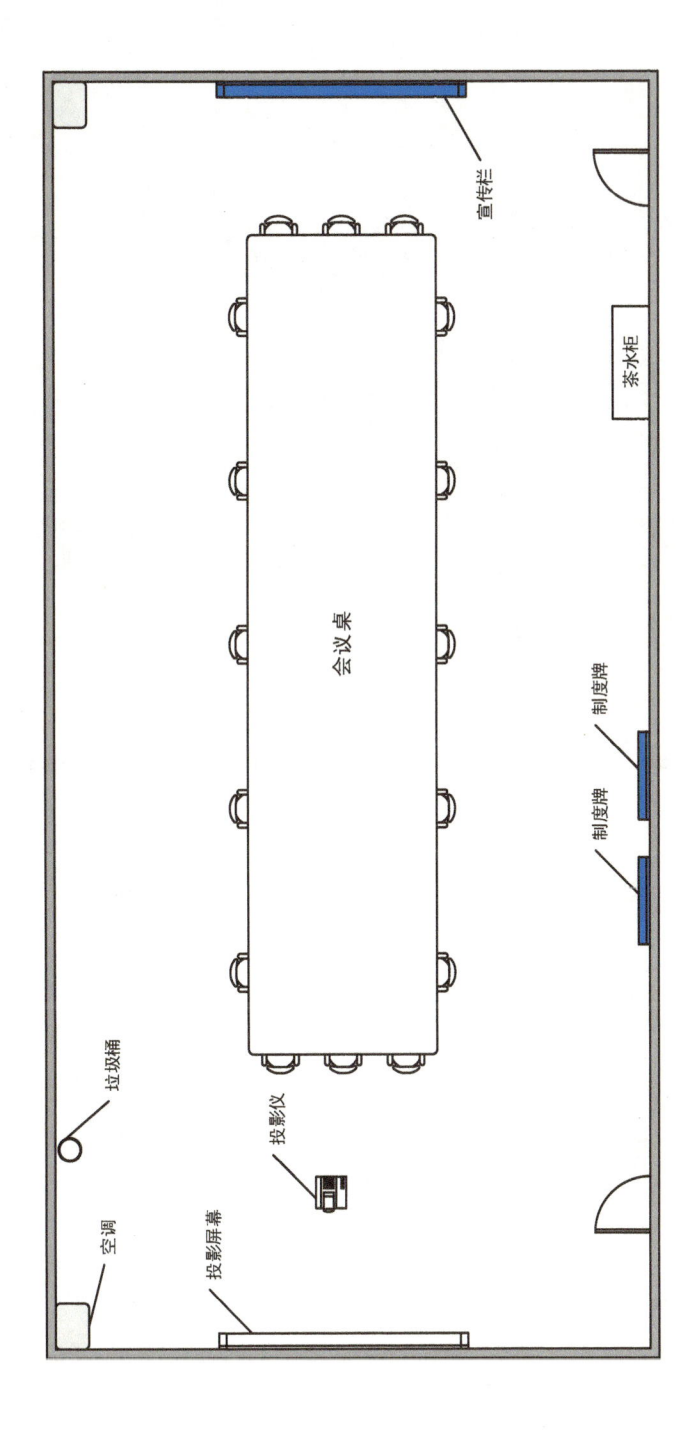

图 A.17　会议室管理条件配置示意图

图 A.18 办公室管理条件配置示意图
(1) 卡座式办公桌

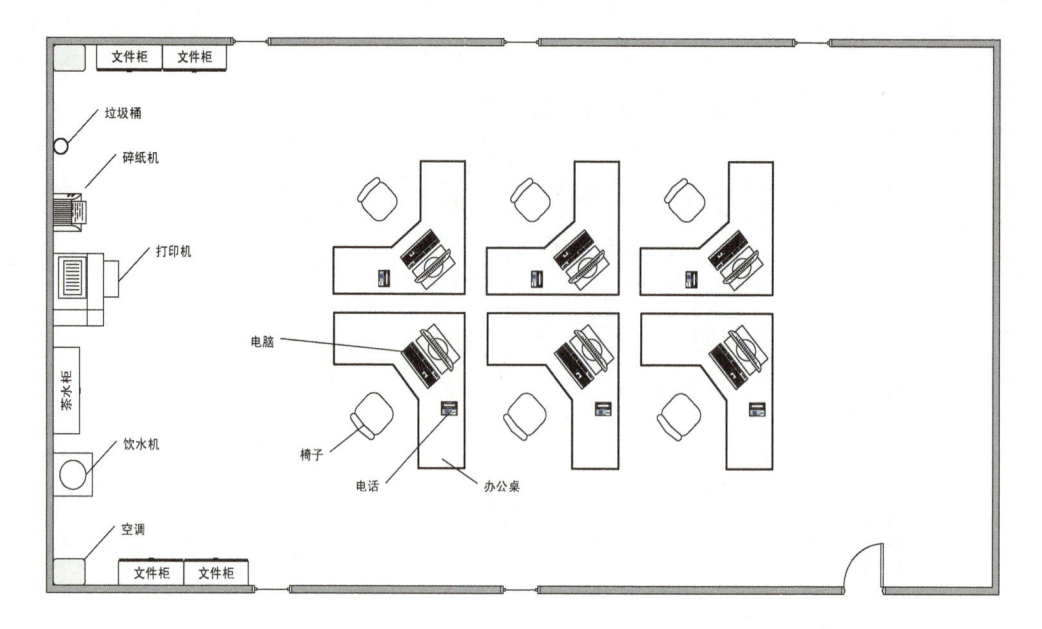

(2) 并列式办公桌

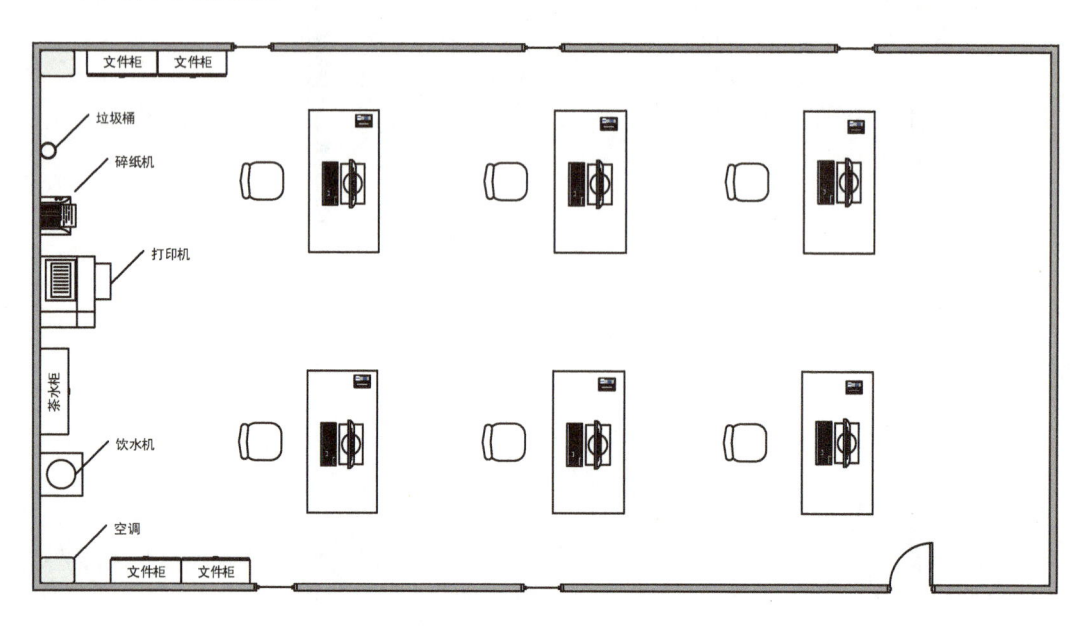

管理标识

1　范围

本文件规定了南水北调东线江苏水源有限责任公司辖管泵站工程各部位和设备间日常管理中所需的各类标识标牌。

本文件适用于南水北调东线江苏水源有限责任公司辖管泵站工程,类似工程可参照执行。

2　规范性引用文件

下列文件中的内容通过文中的规范性引用而构成本文件必不可少的条款。其中,注日期的引用文件,仅该日期对应的版本适用于本文件;不注日期的引用文件,其最新版本(包括所有的修改单)适用于本文件。

GB/T 2887 计算机场地通用规范

GB 2894 安全标志及其使用导则

GB 7251.1 低压成套开关设备和控制设备 第1部分:型式试验和部分型式试验成套设备

GB 13495 消防安全标志

GB/T 15496 企业标准体系 要求

GB/T 15566.1 公共信息导向系统 设置原则与要求 第1部分:总则

GB/T 30948 泵站技术管理规程

NSBD 16 南水北调泵站工程管理规程(试行)

3　术语和定义

下列术语和定义适用于本文件。

3.1　导视类标识标牌

泵站周边或管理范围内设置的用于引导、指示、说明的标识标牌。

3.2　公告类标识标牌

泵站周边或管理范围内设置的用于工程基本情况介绍、周边管理界限范围公示、宣传及提示的标识标牌。

3.3　名称编号类标识标牌

泵站周边或管理范围内设置的用于介绍设备、设施名称、区别编号的标识标牌。

3.4　安全类标识标牌

泵站周边或管理范围内设置的警示、防范及提醒的标识标牌,引起人们对不安全因素的注意，预防和避免事故的发生。

4　总体要求

1. 为推进泵站工程标识标牌标准化建设，结合实际，制定标识标牌的种类、规格、样式、制作工艺、安装位置等内容，以求清晰醒目、规范统一、美观耐用。

2. 标识标牌按照功能、使用环境进行分类。本标准规定的标识标牌，按照功能分为导示类、公告类、名称编号类和安全类等，按照使用环境分为室外、室内和其他部位标识标牌。

3. 室内标牌材料宜使用不锈钢板、亚克力及其他辅材，采用烤漆、丝网印刷；室外安全、宣传标牌宜使用不锈钢材质，贴反光膜，抗紫外线、老化性好。

4. 标识标牌的内容由工程管理单位参照本标准自行拟定。标识标牌实际尺寸，可根据建筑物及设备现场尺寸，对标牌进行同比例缩放，达到协调、美观效果。

5　导视类标识标牌

5.1　一般规定

（1）导视类标识标牌包括工程区域内建筑物导视牌、泵房内位置导视牌、泵房内楼层索引牌、巡视检查路线及巡视点地贴标牌、停车场标识牌等。

（2）导视类标识标牌应保证信息的连续性和内容的一致性。

5.2　工程区域内建筑物导视牌

（1）标牌内容包括建筑物、构筑物名称和方向指示等。

（2）标牌宜设置在泵站道路交叉路口处。

5.3　泵房内位置导视牌

（1）标牌内容包括位置、高程、方向指示等。

（2）标牌宜设置在泵房电机层、联轴层、检修层、水泵层靠近楼梯的墙面上。

5.4　泵房内楼层索引牌

（1）标牌内容包括楼层号、设备间及房间名称。

（2）标牌宜安装在泵站门厅靠近楼梯的墙面上。

5.5　巡视检查路线及巡视点地贴标牌

（1）标牌内容包括路线箭头方向。

（2）巡视检查路线标牌应根据设备巡视要求、设备位置、设备安全距离进行设置。巡视检查路线应封闭，不得中断。巡视点标牌应在工程重点部位设置。

5.6 停车场标识牌

（1）标牌内容包括停车场标识、方向指示等。
（2）标牌宜设置在泵站管理区停车场入口处。

6 公告类标识标牌

6.1 一般规定

（1）公告类标识标牌包括室内形象标识牌、工程简介牌、参观须知牌、水法规告知牌、工程平立剖面图牌、电气接线图牌、系统图牌、原理图牌、设备维修揭示图牌、巡视检查内容牌、制度牌、人员公示牌、组织网络图牌、重点巡检部位提示牌、设备状态标牌、绿化提示牌等。
（2）公告类标牌一般为单面设置，水法规告知牌等宜双面设置。

6.2 室内形象标识牌

（1）包括南水北调东线一期江苏境内工程示意图、泵站标识背景墙。
（2）标牌宜安装在泵站门厅墙上。

6.3 工程简介牌

（1）包括概况简介牌、建设管理简介牌、运行管理简介牌，内容包括工程名称、位置、规模、功能、建成时间、关键技术参数、设计标准、功能任务及效益发挥情况等。
（2）标牌应设置在泵站门厅显要位置。

6.4 参观须知牌

（1）标牌内容应包括进入泵站参观必须遵守的管理要求及禁止行为等。
（2）标牌应设置在泵站门厅入口处。

6.5 水法规告知牌

（1）标牌内容包括《水法》《防洪法》《南水北调工程供用水管理条例》等摘选。
（2）标牌应设置在泵站上下游的左右岸、入口、公路桥或拦河浮桶处堤岸。

6.6 工程平立剖面图牌

（1）工程平立剖面图牌应标注主要建筑物名称、特征水位、关键高程及参数等。
（2）标牌应设置在泵房电机层墙面显要位置。

6.7 电气接线图牌

（1）包括电气一次主接线图、二次接线图等，应标明母线及电压等级、设备名称、断路器编号等，母线颜色应按电压等级设计。

(2) 标牌应设置在高低压室、GIS室内一侧墙面。

6.8　系统图牌

(1) 包括油、气、水系统图，应标注设备名称、闸阀编号、管道管径等。
(2) 标牌应设置在相应现地设备旁。

6.9　原理图牌

(1) 主要包括启闭机控制原理图等，应注明设备名称、编号等。
(2) 标牌应设置在启闭机房显要位置。

6.10　设备维修揭示图牌

(1) 包括主要机械、电气设备的名称、规格型号、出厂日期、投运时间、试验周期、设备评级、责任人等内容。
(2) 标牌应设置在泵站电机层墙面显要位置。

6.11　巡视检查内容牌

(1) 巡视内容根据工程不同部位、不同设备确定。
(2) 标牌应设置在泵站电机层、联轴层、水泵层室内一侧墙面显要位置。

6.12　制度牌

(1) 包括运行管理、安全管理、防汛管理、物资管理、档案管理等相关制度。
(2) 标牌应设置在相应设备或办公室一侧墙面显要位置。

6.13　人员公示牌

(1) 包括有权签发"操作票、工作票"人员、有权调度人员、有权单独巡视高压设备人员、当班人员等名单。
(2) 标牌应设置在中控室一侧墙面显要位置。

6.14　组织网络图牌

(1) 包括防汛、安全组织网络等。
(2) 标牌应设置在中控室一侧墙面显要位置。

6.15　重点巡视部位提示牌

(1) 标牌内容为工程重点设备、部位巡视关注要求及注意事项。
(2) 标牌应设置在重点巡视部位、重点设备旁。

6.16　设备状态标牌

(1) 包括热备用、冷备用、运行、检修四种状态。
(2) 标牌应设置在电气柜正面，显示设备当前状态。

6.17 绿化提示牌

(1) 标牌内容为绿化宣传提示标语。
(2) 标牌应设置在需提示的绿化场地显要位置。

7 名称编号类标识标牌

7.1 一般规定

名称编号类标识标牌包括建筑物名称标牌、管理单位名称标牌、管理区域分界标识、百米桩标识、里程桩标识、电缆桩标识、观测标点牌、水位标识、门牌、设备名称标牌、设备管理责任卡、设备编号标识标牌、闸阀标识牌、管道名称及示流方向标识牌、起重机额定起重量标牌、电缆牌、旋转或升降方向标识牌等。

7.2 建筑物名称标牌

(1) 工程每个建筑物宜设置名称标牌。
(2) 标牌宜设置在建筑物顶部。

7.3 管理单位名称标牌

(1) 管理单位名称应使用中文,宜同时使用英文。
(2) 标牌宜设置在工程管理单位主出入口处。

7.4 管理区域分界标识

(1) 应包括工程名称、对应管理单位名称以及"严禁移动""严禁破坏"警示语。
(2) 标牌应设置在管理单位交界处醒目位置。

7.5 百米桩、里程桩、电缆桩标识

(1) 百米桩应每 100 m 设置 1 个,桩号为个位数。里程桩应每 1 km 设置 1 个,桩体从上至下分别标注河道名称、公里数。电缆桩应每 50 m 设置 1 个,电缆、光缆每个转角处应设置 1 个。
(2) 百米桩、里程桩应设置在河道两侧迎水坡堤肩线上。

7.6 观测标点牌

(1) 包括垂直位移、水平位移、伸缩缝、测压管等观测标点。
(2) 标牌应根据工程实际设置在相关观测标点位置。

7.7 水位标识

(1) 主要包括泵站调水、排涝特征水位。
(2) 应设置在泵站、水闸上下游翼墙部位。

7.8　门牌及安全告知牌

（1）包括房间名称、编号。

（2）应设置在室外门口一侧墙面上。

7.9　设备名称标牌

（1）包括屏柜柜眉、开关设备名称、接地开关设备名称牌等。

（2）屏柜柜眉应设置在电气柜前后柜眉处，开关设备、接地开关设备名称应设置在开关设备正面醒目位置。

7.10　设备管理责任卡

（1）设备管理责任卡的内容包括设备名称、规格型号、投运时间、责任人、评定级等。

（2）应设置在设备右上角或醒目位置。

7.11　设备编号标识标牌

（1）内容为阿拉伯数字，同类设备应按顺序编号。

（2）应设置在机电设备或工程部位比较容易辨识且相对平整的位置。

7.12　闸阀标识牌

（1）包括闸阀编号、用途、工作状态。

（2）应悬挂于闸阀开关上。

7.13　管道名称及示流方向标识牌

（1）内容包括管道功能、介质名称、流向。

（2）应设置在管道容易辨识且相对平整的位置。管道穿墙、转弯等部位应增设相应标识牌。

7.14　起重机额定起重量标牌

（1）应根据起重机额定起重量标注。有多个起升机构的，应分别标注每个起升机构的额定起重量。

（2）应设置在起重机醒目部位。

7.15　电缆牌

（1）内容包括电缆编号、起点、终点、规格。

（2）在电缆的首尾端、电缆改变方向处、电缆沟和竖井出入口处、电缆从一平面跨越到另一平面，以及电缆引至电气柜、盘或控制屏、台等位置应挂电缆标志牌。

7.16　旋转或升降方向标识牌

（1）包括电机旋转方向、闸门升降方向等标识牌。

(2) 应设置在电机罩壳或启闭机齿轮罩壳上。

8 安全类标识标牌

8.1 一般规定

（1）安全类标识标牌包括警告、禁止、指令、提示标志，安全风险告知牌，职业危害告知牌，危险源告知牌，安全警戒线，消防标识标牌，交通标识标牌等。

（2）多个安全标识标牌设置在一起时，应按照警告、禁止、指令、提示的顺序，先左后右、先上后下排序。

（3）警告、禁止、指令、提示标识标牌的内容由图形符号、安全色和几何形状（边框）或文字组成。

8.2 警告、禁止、指令、提示标志

（1）警告标志为正三角形边框，背景色为黄色，三角形边框为黑色，图形符号为黑色。

（2）禁止标志为长方形，上方为禁止标志（带斜杠的圆边框），下方为文字辅助标志（矩形边框）。长方形底色为白色，带斜杠的圆边框为红色，标志符号为黑色，辅助标志为红底。

（3）指令标志为圆形边框，背景色为蓝色，图形符号为白色，衬边为白色。

（4）提示标志为正方形边框，背景为绿色，图形符号为白色。

8.3 安全风险告知牌

（1）包括工程部位、设备间安全注意事项，包括警告、禁止、指令标志。

（2）应设置在设备间室外墙面醒目位置。

8.4 职业危害告知牌

（1）包括健康危害、防范措施及要求、防护措施等。

（2）应设置在有噪声、工频磁场、高温等存在职业危害的作业场所。

8.5 危险源告知牌

（1）包括危险源名称、级别、危害因素、责任人、事故诱因、防范措施及要求等。

（2）应设置在作业场所醒目位置。

8.6 安全警戒线

在电气设备、机械设备、行车停放位置、机械旋转部位等危险场所或危险部位周围应设置安全警戒线。

8.7 消防标识标牌

（1）包括消防设备标识标牌、消防设施布置及逃生线路图等。

（2）消防设施布置及逃生线路图应设置在建筑物入口、门厅入口、每层楼梯入口等部位。

8.8 交通标识标牌

（1）包括限载、限高、限速、禁止通行等标识标牌。
（2）禁止通航的泵站、水闸应在与航道交汇处设置禁止通航、禁止进入等标志。

9 标识标牌设置

1. 泵站室外标识标牌设置见附录 A。
2. 泵站门厅标识标牌设置见附录 B。
3. 电气开关室标识标牌设置见附录 C。
4. 中控室标识标牌设置见附录 D。
5. 泵站厂房标识标牌设置见附录 E。
6. 水闸、清污机标识标牌设置见附录 F。
7. 其他标识标牌设置见附录 G。

10 标识标牌维护

1. 工程标识标牌应每季度检查维护一次，及时清洁，保证清晰干净。
2. 发现以下问题的任何一项，应对标识标牌进行维修或更换。在维修或更换安全标识标牌时应有临时标识标牌替换，以免发生意外伤害。
（1）失色或变色；
（2）材料明显的变形、开裂、表面剥落等；
（3）固定装置脱落；
（4）遮挡；
（5）照明亮度不足；
（6）损毁等。

11 考核与评价

1. 南水北调东线江苏水源有限责任公司对分公司工程管理标识管理工作进行定期评价。
2. 分公司对辖管现场管理单位的标识管理工作进行定期评价。
3. 工程现场管理单位依据《南水北调江苏水源公司工程管理考核办法》及标准化体系文件，对标识管理工作进行自评，对标准实施中存在的问题进行整改。
4. 评价依据包括标识标牌现状、检查维护记录等，检查评价应有记录。
5. 评价方法包括抽查、考问等，检查评价应有记录。
6. 对于标识管理工作的自评、考核每年不少于一次。

附录 A　泵站室外标识标牌

A.1　导视类标识标牌

A.1.1　工程区域内建筑物导示牌

参数标准

规格:500 mm(宽)×2 000 mm(高)×100 mm(厚)。(按实际情况等比例放大或者缩小)
颜色:采用蓝色作为底色,字体为微软雅黑,白色。
工艺:1.5 mm 厚度 304 不锈钢激光切割,刨槽折弯烤漆,图文镂空衬亚克力乳白板,内置 LED 模组灯。
安装位置
站区交叉路口或转角处。

A.1.2　停车场标识牌

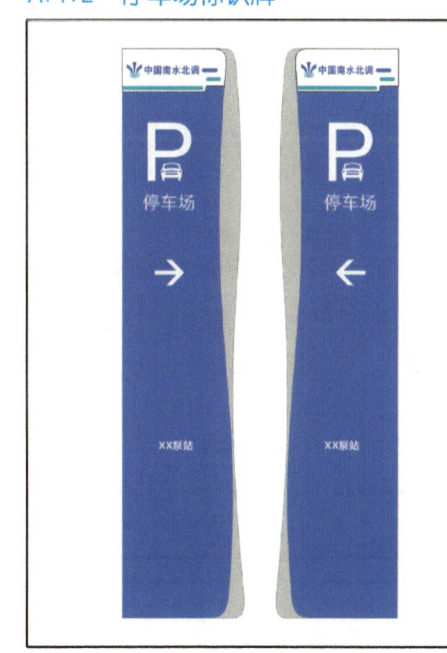

参数标准

规格:500 mm(宽)×2 300 mm(高)。
颜色:蓝底白字。
工艺:1.5 mm 厚度 304 不锈钢激光切割,刨槽折弯烤漆,图文镂空衬亚克力乳白板,内置 LED 模组灯。
安装位置
泵站管理区停车场入口处。

A.2 公告类标识标牌

A.2.1 水法规告示标牌

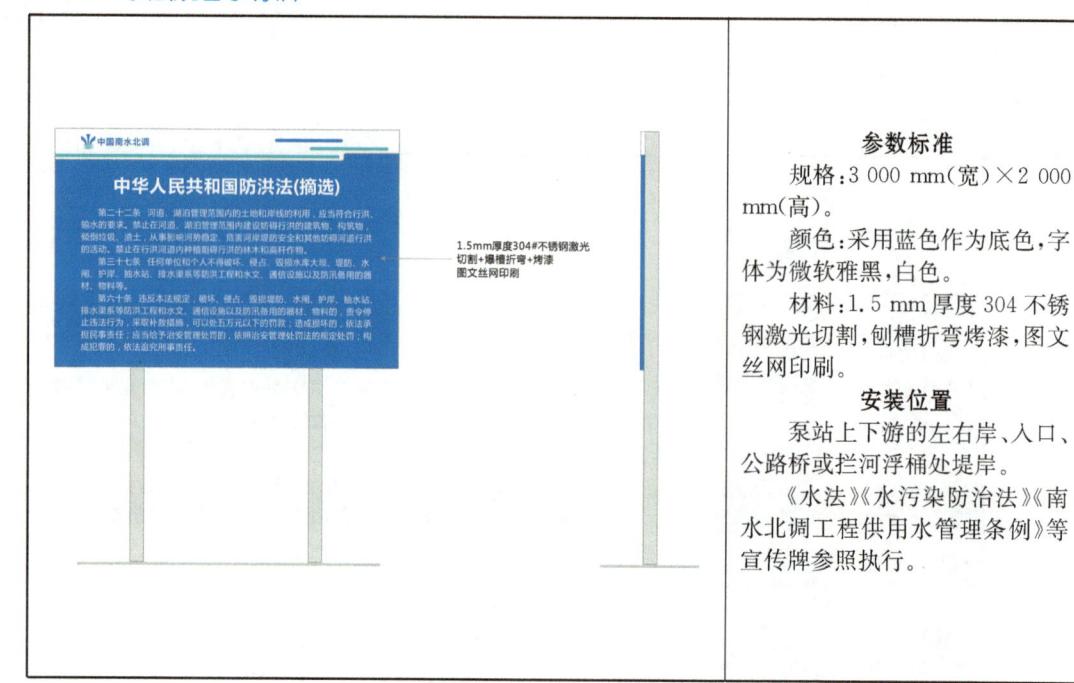

参数标准

规格:3 000 mm(宽)×2 000 mm(高)。

颜色:采用蓝色作为底色,字体为微软雅黑,白色。

材料:1.5 mm厚度304不锈钢激光切割,刨槽折弯烤漆,图文丝网印刷。

安装位置

泵站上下游的左右岸、入口、公路桥或拦河浮桶处堤岸。《水法》《水污染防治法》《南水北调工程供用水管理条例》等宣传牌参照执行。

A.2.2 绿化提示牌

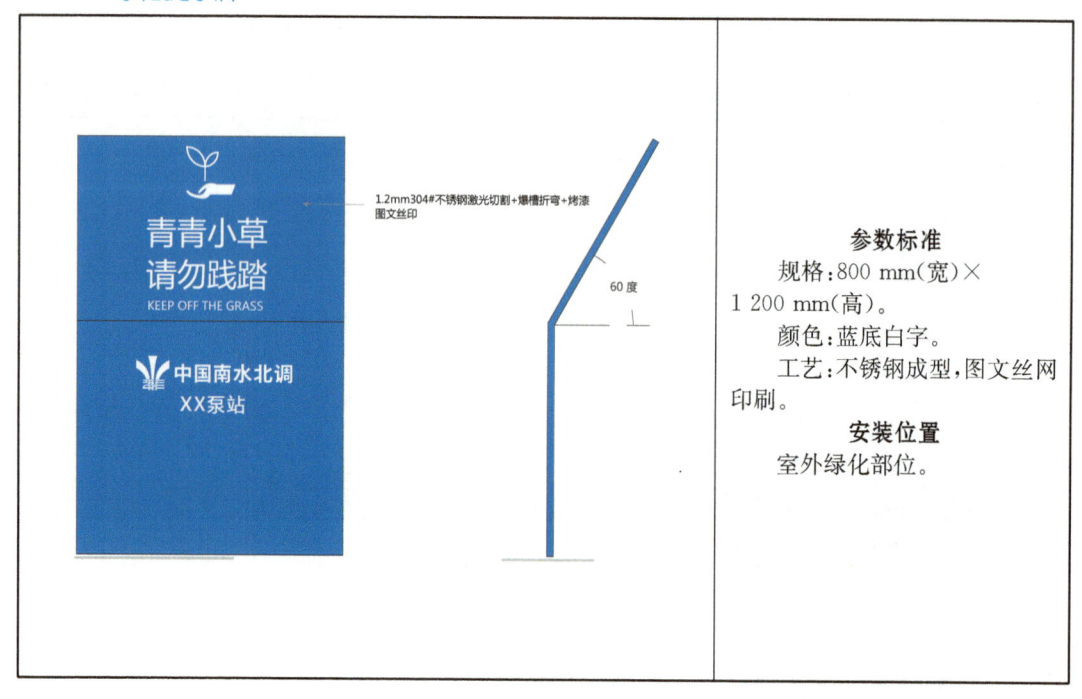

参数标准

规格:800 mm(宽)×1 200 mm(高)。

颜色:蓝底白字。

工艺:不锈钢成型,图文丝网印刷。

安装位置

室外绿化部位。

A.3 名称编号类标识标牌

A.3.1 建筑物名称标牌

中国南水北调 ××泵站

参数标准
规格：LOGO 高 3 600 cm；"中国南水北调 ××泵站"单字高 2 400 cm。
颜色：LOGO 及"中国南水北调"蓝色，"××泵站"红色；字体：汉仪大黑简。
工艺：1.5 mm 304 不锈钢板冲孔大字镀锌角钢等钢材支架，5 cm×5 cm 镀锌角钢、镀锌方管；表面烤漆，采用蓝景、日上或同档次灯具；冲孔字电源采用虹霸、金波、诚联或同档次 400 W 防水型国标 60 A，雨控开关、定时开关、漏电保护器，电线国标。（LED 发光字）

安装位置
泵房建筑物屋顶。

A.3.2 管理单位名称标牌

中国南水北调 ××泵站

参数标准
规格：460 cm(宽)×150 mm(高)。
颜色：蓝色加板色作为底色，字体为微软雅黑。
工艺：不锈钢烤漆中英文字；1.0 mm 厚 304 不锈钢，激光切割、焊接、精工打磨、汽车烤漆；LOGO：1.0 mm 厚 304 不锈钢，激光切割、焊接、精工打磨、汽车烤漆；不锈钢烤漆线条：1.0 mm 厚 304 不锈钢，激光切割、焊接、精工打磨、汽车烤漆，内部钢架支撑；户外 LED 灯：户外防水 LED 灯，压铸铝材，高亮节能，电缆线，防护管。

安装位置
泵站大门入口。

A.3.3 管理区域分界标识

参数标准
规格：600(宽)×900 mm(高)。
颜色：主体蓝底白字，顶部白底蓝字，颜色搭配如图所示。
工艺：不锈钢成型，图文丝网印刷。

安装位置
管理单位交界处。

A.3.4　百米桩标识

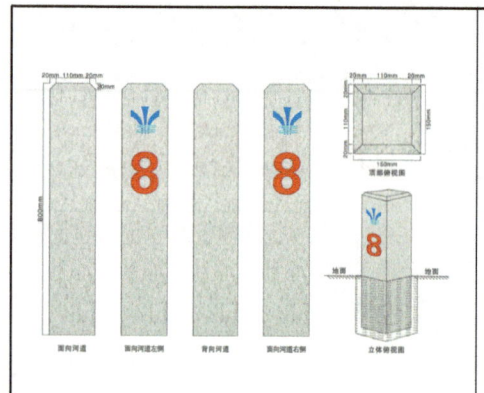

参数标准
规格：百米桩 150 mm（宽）×800 mm（高）×150 mm（厚）。
颜色：如图所示。
工艺：芝麻灰石材加工，信息石材阴刻填漆。
安装位置
工程单侧设置，每 100 m 设置百米桩。

A.3.5　里程桩标识

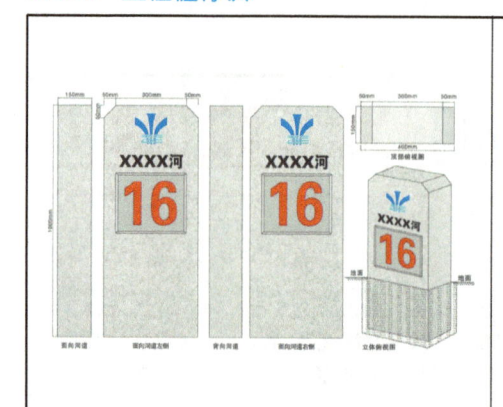

参数标准
规格：里程桩 400 mm（宽）×1 000 mm（高）×150 mm（厚）。
颜色：如图所示。
工艺：芝麻灰石材加工，信息石材阴刻填漆。
安装位置
工程单侧设置，每 1 km 设置里程桩。

A.3.6　电缆桩标识

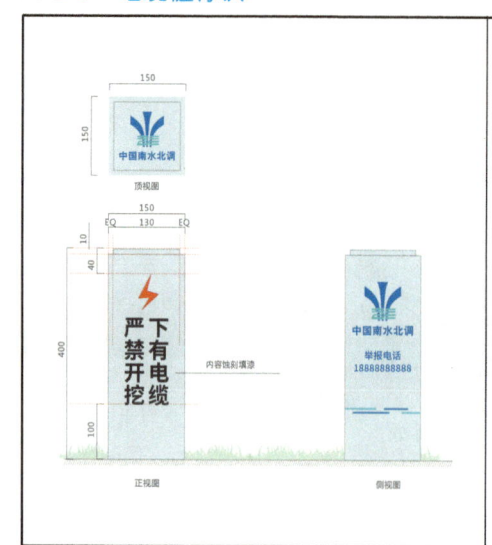

参数标准
规格：400 mm（宽）×150 mm（高）。
颜色：如图所示。
工艺：大理石，LOGO 文字阴刻填充。
安装位置
草坪地电缆、光缆通道直线段标志桩、板每隔 50 m 埋设 1 件，电缆、光缆每个转角处接头都应该埋设 1 块电缆、光缆标识桩。

A.3.7　观测标点牌

参数标准
规格：600 mm(长)×50 mm(宽)。
颜色：字体为黑色。
工艺：2 mm 的 304 拉丝不锈钢,信息石材阴刻填漆。
安装位置
需要标识的安全监测点。

A.3.8　水位标识

参数标准
规格：300 mm(宽)×100 mm(高)。
颜色：蓝底白字。
工艺：304 不锈钢丝印。
安装位置
上、下游需要标识水位处。

备注
1. 泵站调水特征水位 站上：调水最高水位、调水设计水位、调水最低水位 站下：调水最高水位、调水设计水位、调水最低水位 2. 泵站排涝特征水位 站上：排涝最高水位;站下：排涝最高水位

A.4　安全类标识标牌

A.4.1　限速提醒标识牌

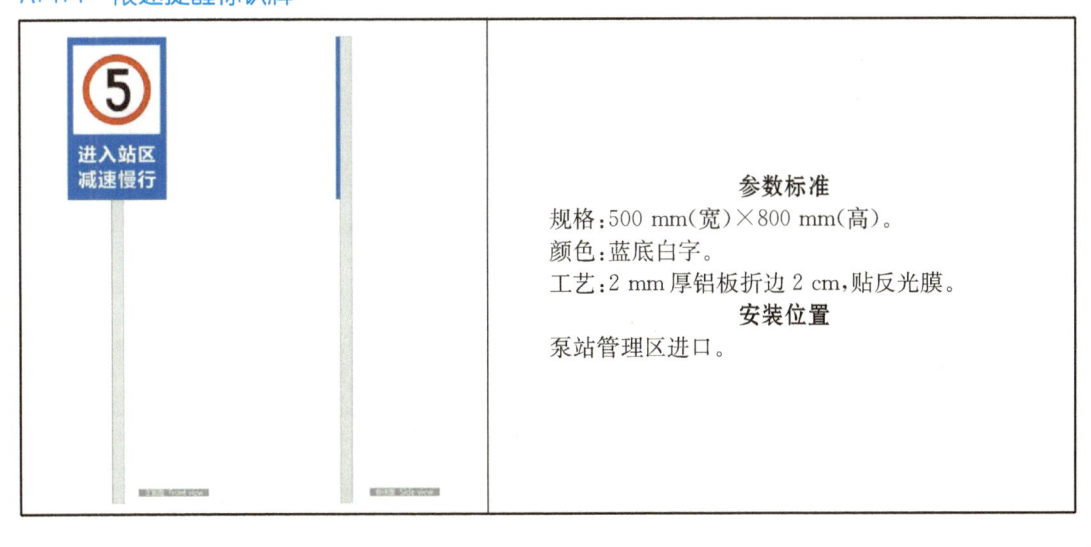

参数标准
规格：500 mm(宽)×800 mm(高)。
颜色：蓝底白字。
工艺：2 mm 厚铝板折边 2 cm,贴反光膜。
安装位置
泵站管理区进口。

A.4.2　安防标识牌

参数标准

规格:500 mm(宽)×800 mm(高)。
颜色:采用黄色作为底色,字体为黑色。
工艺:2 mm厚铝板折边2 cm,贴反光膜。

安装位置

站区大门入口,距离大门监视摄像机位置1 m以内。

A.4.3　禁止游泳、捕鱼、垂钓标牌

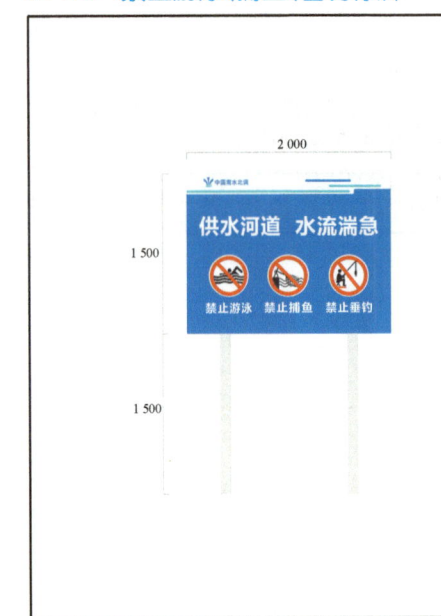

参数标准

规格:大牌规格为200 cm(长)×150 cm(高);小牌规格为100 cm(长)×50 cm(高)。
颜色:底色为蓝色,字为白色,示意图为红色。
材料:1.5 mm厚度304不锈钢激光切割+刨槽折弯+反光膜。

安装位置

泵站上下游的左、右岸护坡、跨河公路桥、拦河浮筒等处,若河道较长,建议每500 m设置一块。

附录 B 泵站门厅标识标牌

B.1 导视类标识标牌

B.1.1 泵房内楼层索引牌

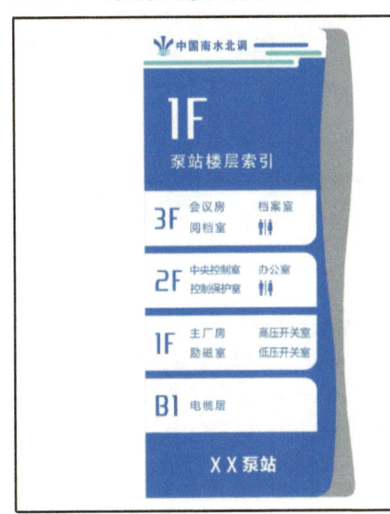

参数标准

规格:550 mm(宽)×1 200 mm(高)。

颜色:蓝底白字,导视部分白底蓝字,字体为微软雅黑,颜色搭配如图所示。

工艺:2 mm 厚度 304 不锈钢激光切割,刨槽折弯烤漆。

安装位置

泵站门厅靠近楼梯墙面上。

B.2 公告类标识标牌

B.2.1 室内形象标识牌

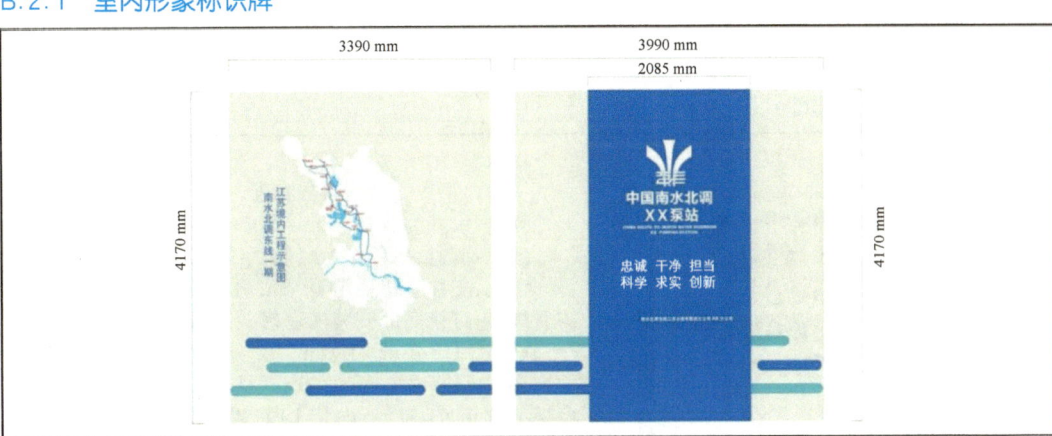

参数标准

水系图:304 不锈钢烤漆,背打光,10 mm 挑装,小字和线条 5 mm 亚克力雕刻;亚克力水晶字,3 mm＋8 mm,激光切割,汽车烤漆,粘贴。

背景墙:304 不锈钢激光切割,焊接,精工打磨,汽车烤漆。

安装位置

泵房大门入口墙面上。

B.2.2　工程概况简介牌

参数标准

规格：尺寸为 2 300 mm(宽)×2 000 mm(高)。
颜色：蓝色、白色作为底色，字体为微软雅黑。
工艺：支柱支腿采用 10 cm×10 cm，厚 1.5 mm 镀锌方管焊接；灯箱底部安装 4 套转轮；支腿钻 1 个 3.5 cm 孔；软膜尺寸 2.0 m×1.0 m；铝合金边框 10 cm；灯箱背面内层 PVC 板 2.0 m×1.0 m，厚 3 mm；背面外层银色背板 2.0 m×1.0 m；内装 LED 慢发光灯源（白色冷光源）。

安装位置

泵房门厅显要位置。

B.2.3　工程建设管理简介牌

参数标准

规格：尺寸为 2 300 mm(宽)×2 000 mm(高)。
颜色：蓝色、白色作为底色，字体为微软雅黑。
工艺：支柱支腿采用 10 cm×10 cm，厚 1.5 mm 镀锌方管焊接；灯箱底部安装 4 套转轮；支腿钻 1 个 3.5 cm 孔；软膜尺寸 2.0 m×1.0 m；铝合金边框 10 cm；灯箱背面内层 PVC 板 2.0 m×1.0 m，厚 3 mm；背面外层银色背板 2.0 m×1.0 m；内装 LED 慢发光灯源（白色冷光源）。

安装位置

泵房门厅显要位置。

B.2.4　工程运行管理简介牌

参数标准

规格：尺寸为 2 300 mm(宽)×2 000 mm(高)。
颜色：蓝色、白色作为底色，字体为微软雅黑。
工艺：支柱支腿采用 10 cm×10 cm，厚 1.5 mm 镀锌方管焊接；灯箱底部安装 4 套转轮；支腿钻孔 3.5 cm 一个；软膜尺寸 2.0 m×1.0 m；铝合金边框 10 cm；灯箱背面内层 PVC 板 2.0 m×1.0 m，厚 3 mm；背面外层银色背板 2.0 m×1.0 m；内装 LED 慢发光灯源（白色冷光源）。

安装位置

泵房门厅显要位置。

B.2.5 参观须知牌

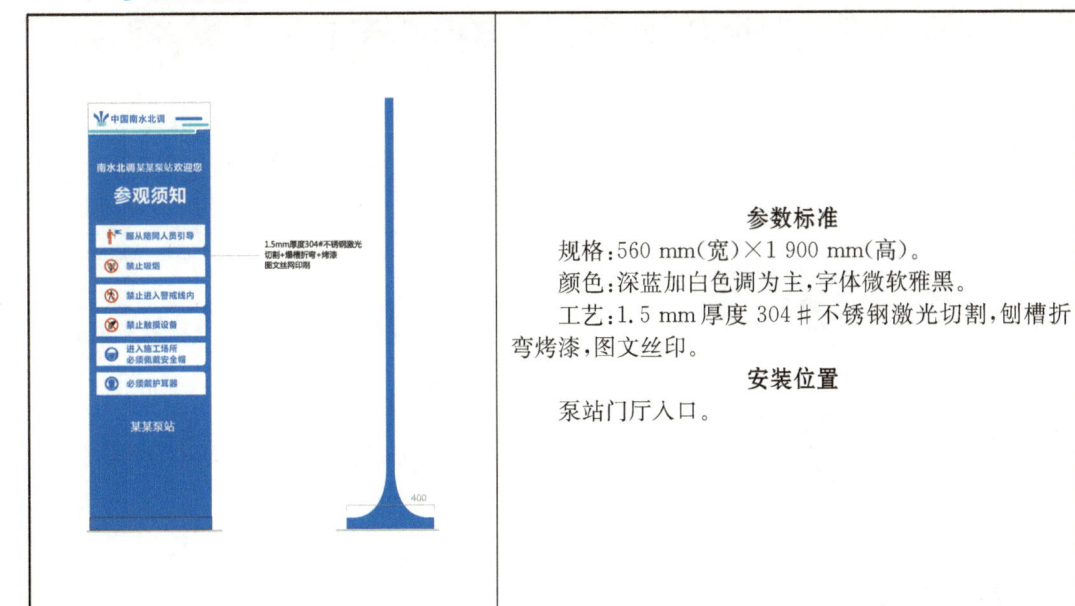

参数标准

规格:560 mm(宽)×1 900 mm(高)。

颜色:深蓝加白色调为主,字体微软雅黑。

工艺:1.5 mm 厚度 304♯不锈钢激光切割,刨槽折弯烤漆,图文丝印。

安装位置

泵站门厅入口。

附录 C 电气开关室标识标牌

C.1 导视类标识标牌

C.1.1 巡视检查路线及巡视点地贴标牌

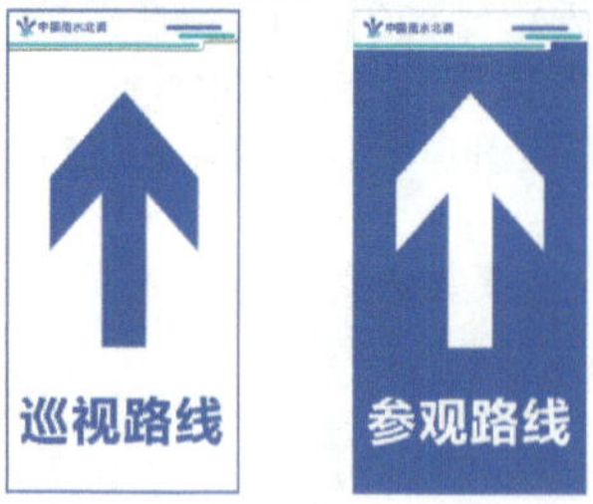

（图：巡视路线、参观路线箭头标牌）	**参数标准** 规格:300 mm(长)×150 mm(宽)。 颜色:巡视路线采用白色作为底色,参观路线采用蓝色作为底色,图案如图所示。 工艺:30 丝磨砂 PVC 夜光牌。 **安装位置** 按照巡视路线图布设。
（图：巡视点脚印标牌）	**参数标准** 规格:200 mm(宽)×200 mm(高)。 颜色:采用蓝色作为底色,图案如图所示。 工艺:不干胶纸或者是 2 mm 厚铝板。 **安装位置** 按照巡视路线图布设。

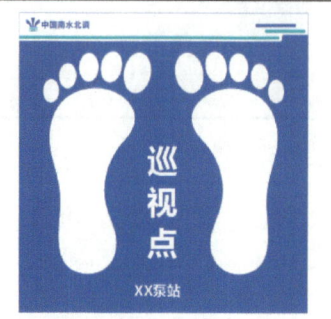

C.2 公告类标识标牌

C.2.1 电气接线图牌

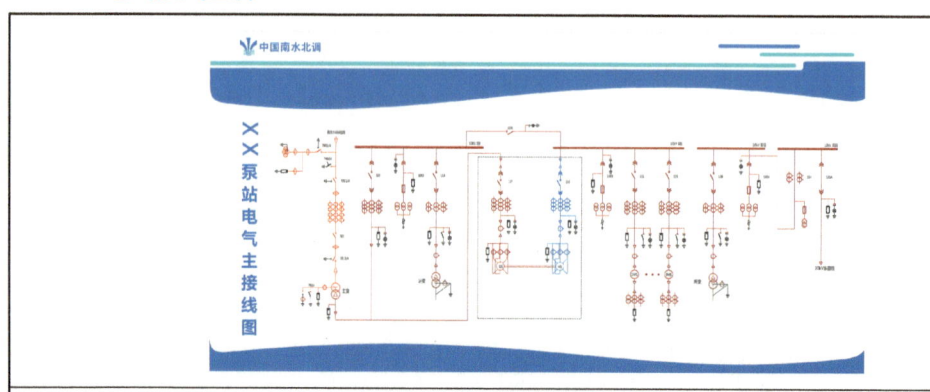

（图：××泵站电气主接线图）

参数标准
规格:2 000(宽)×1 000 mm(高)。
颜色:深蓝加白色调为主,字体为微软雅黑。
工艺:1.5 mm 厚度 304# 不锈钢激光切割,刨槽折弯烤漆,图文丝印。
安装位置
高低压室、GIS 室内一侧墙面位置。

C.2.2　巡视检查内容牌

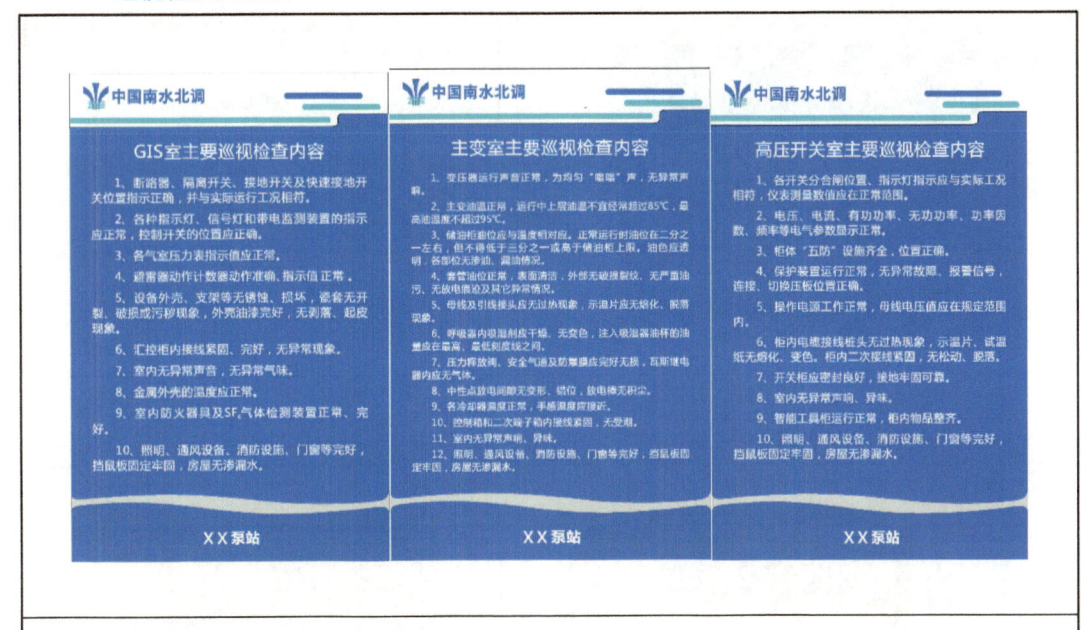

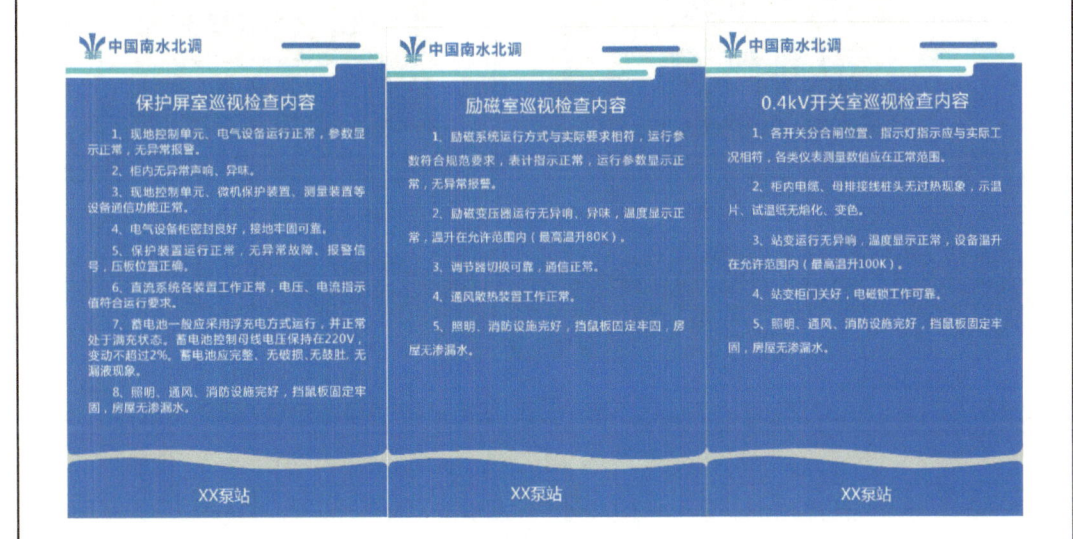

参数标准

规格：600 mm(宽)×900 mm(高)。
颜色：蓝色作为底色，字体为微软雅黑，白色。
工艺：亚克力激光切割烤漆，图文丝网印刷。

安装位置

GIS室、主变室、10(35)kV高压室、0.4 kV低压室、励磁室、LCU室内一侧显要位置。

C.2.3　小车停放位置标识

参数标准
规格：2 400 mm（长）×1 500 mm（宽）。
颜色：框内底色为蓝色，字为白色，边框为蓝白相间间隔条纹。
工艺：粘贴纸。
安装位置
高压室断路器小车停放指定的位置。

C.2.4　重点巡视部位提示牌

参数标准
规格：200 mm（宽）×150 mm（高）。
颜色：采用黄色作为底色，字体为微软雅黑，黑色。
材料：2 mm厚铝板切割、烤漆，图文丝网印刷。
安装位置
重点巡视部位旁。

C.2.5　设备状态标牌

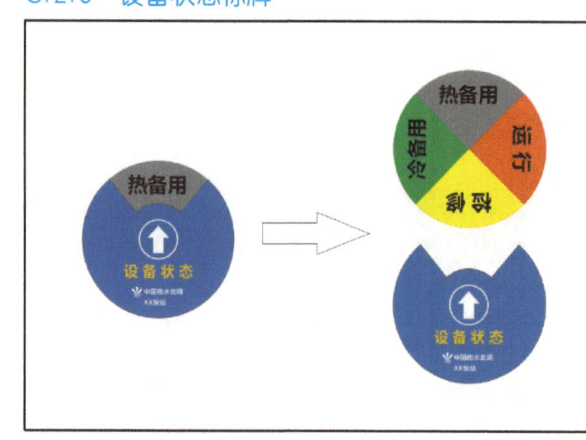

参数标准
规格：直径 10 cm/20 cm。
颜色：参照示意图。
材料：亚克力。
安装位置
电气柜正面。

C.3 名称编号类标识标牌

C.3.1 门牌及安全告知牌

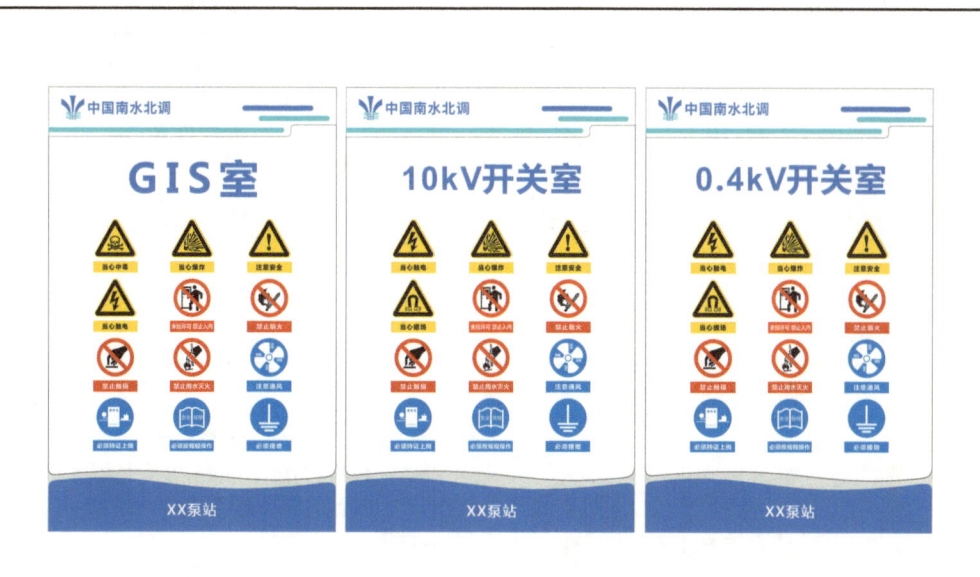

参数标准
规格:600 mm(宽)×900 mm(高)。
颜色:深蓝加白色调为主,图案如图所示。
工艺:1.5 mm厚度304#不锈钢激光切割,刨槽折弯烤漆,图文丝印。
安装位置
GIS室、主变室、10(35)kV高压室、0.4 kV低压室、LCU室、励磁室内一侧显要位置。

C.3.2　设备管理责任卡

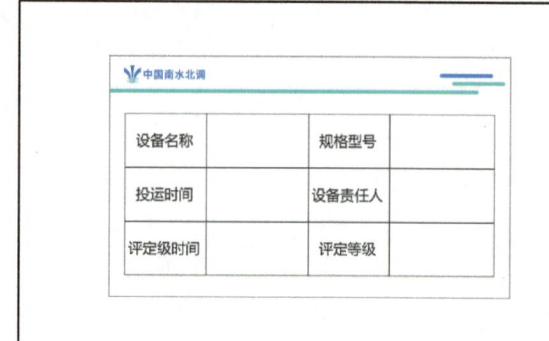

参数标准
规格:140 mm(宽)×80 mm(高)。
颜色:白底黑字,字体为微软雅黑。
工艺:插槽式亚克力板。
安装位置
根据设备实际情况选择设备右上角或设备较为显要的位置。

C.3.3　屏柜柜眉

参数标准
规格:高度 60 mm,宽度与柜体同宽。
颜色:白底红字带边框,字体为微软雅黑。
工艺:KT 板或铝板。
安装位置
电气柜柜眉处。

C.3.4　开关设备名称牌

参数标准
规格:200 mm(宽)×168 mm(高)。
颜色:白底红字带边框,接地设备用白底黑字黑边框,字体为微软雅黑。
工艺:铝板。
安装位置
开关设备旁。

C.4 安全类标识标牌

C.4.1 危险源告知牌

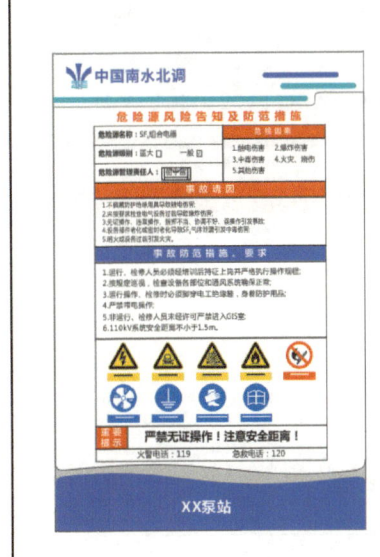

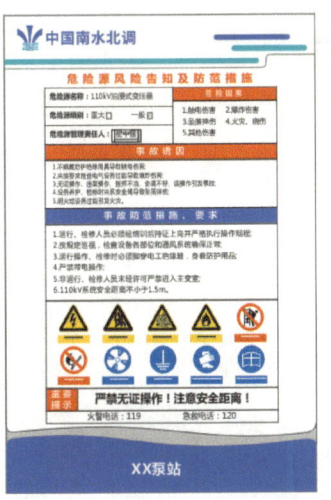

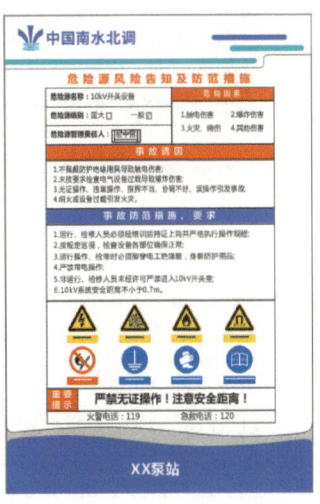

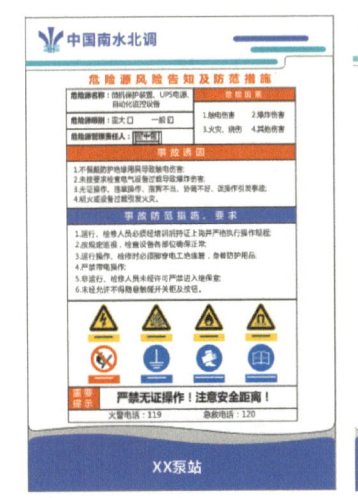

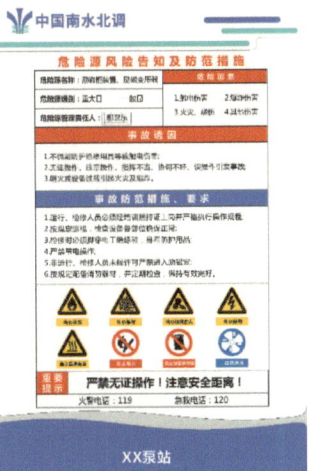

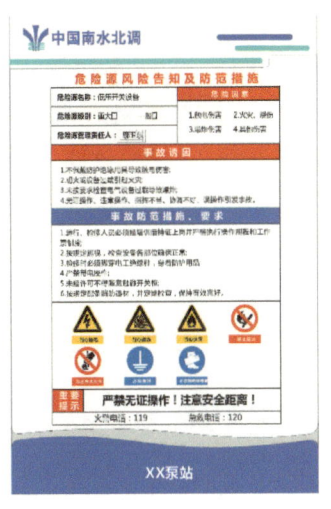

参数标准

规格：600 mm（宽）×900 mm（高）。
颜色：白色作为底色，字体为微软雅黑，颜色搭配如图所示。
工艺：亚克力激光切割烤漆，图文丝网印刷。

安装位置

GIS 室、主变室、高低压室、LCU 室、励磁室内一侧墙面显要位置。

C.4.2 职业危害告知牌

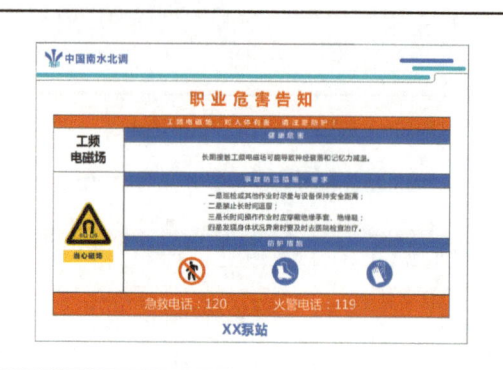

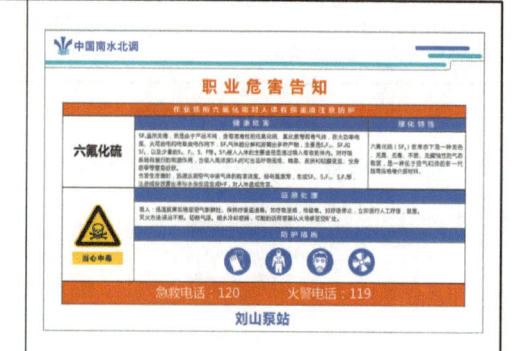

参数标准

规格:900 cm(宽)×600 cm(长)。
颜色:采用白色作为底色,图案如图所示。
工艺:亚克力激光切割烤漆,图文丝网印刷。

安装位置

工频电磁场危害告知布设:高低压开关室、主变室、GIS 室、励磁室外侧墙面。
六氟化硫危害告知布设:GIS 室外侧墙面。

C.4.3 挡鼠板

参数标准

规格:高度 40 cm,宽度参照门宽。
颜色:粘贴黄黑警示双色带、表面粘贴警示标志。
工艺:304 不锈钢。

安装位置

布置在 GIS 室、高低压开关室、励磁室、LCU 室等电气设备间入口。

C.4.4 安全警戒线

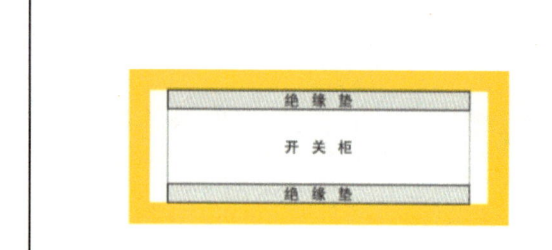

参数标准

规格:宽度 100 mm。
颜色:颜色如图所示。
工艺:PVC 胶带,车身贴喷绘。

安装位置

开关柜绝缘垫四周。

附录 D　中控室标识标牌

D.1　公告类标识标牌

D.1.1　制度牌

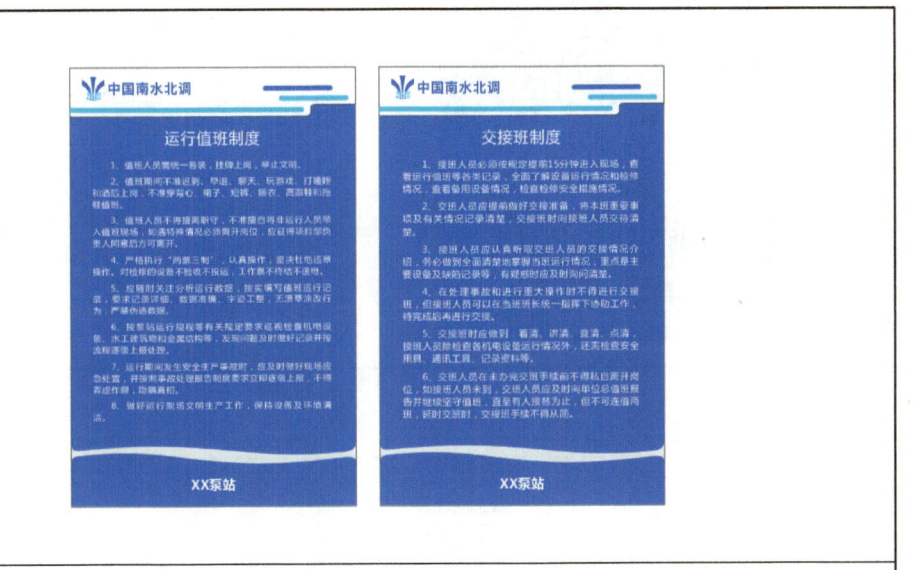

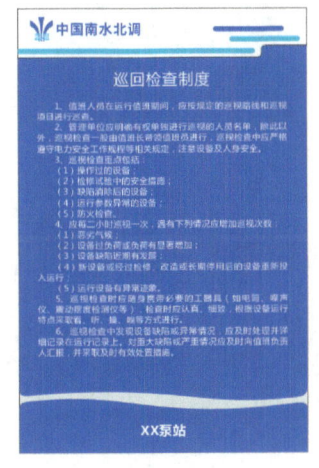

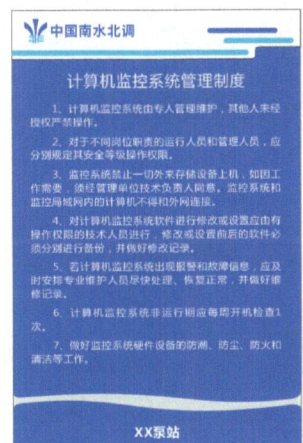

参数标准

规格：600 mm（宽）×900 mm（高）。
颜色：蓝色作为底色，字体为微软雅黑，白色。
工艺：亚克力激光切割烤漆，图文丝网印刷。

安装位置

室内一侧墙面显要位置。

D.1.2 人员公示牌

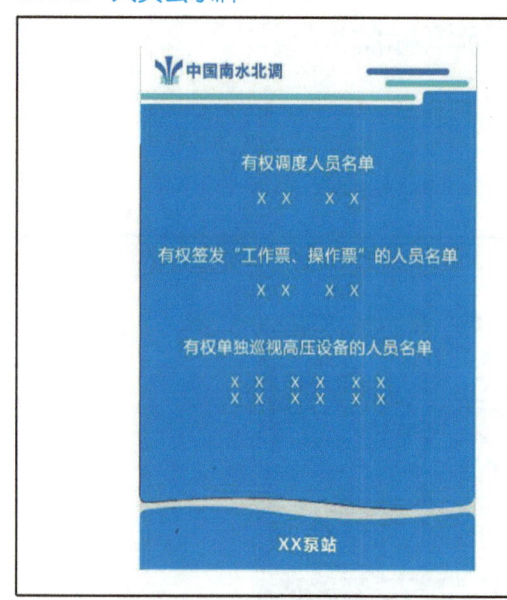

参数标准
规格：600 mm（宽）×900 mm（高）。
颜色：蓝色作为底色，字体为微软雅黑，白色。
工艺：亚克力激光切割烤漆，图文丝网印刷。

安装位置
室内一侧墙面显要位置。

D.1.3 防汛、安全组织网络图

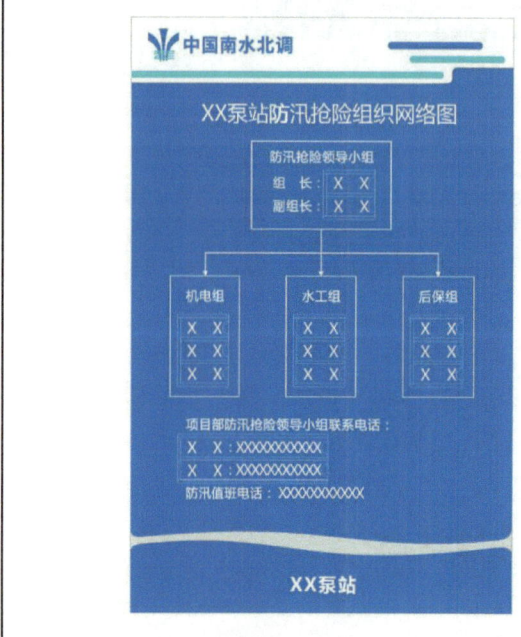

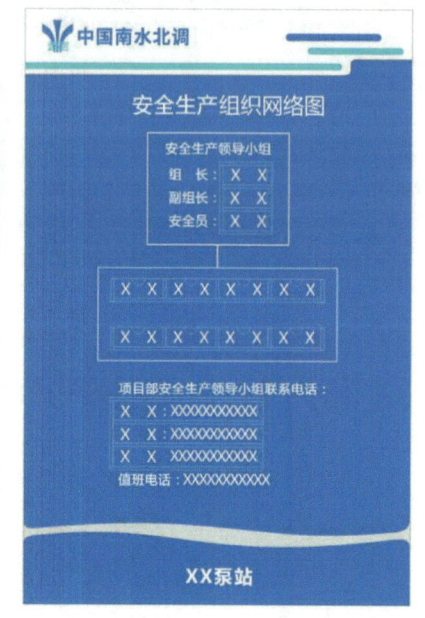

参数标准
规格：600 mm（宽）×900 mm（高）。
颜色：蓝色作为底色，字体为微软雅黑，白色。
工艺：亚克力激光切割烤漆，图文丝网印刷。

安装位置
室内一侧墙面显要位置。

D.2 名称编号类标识标牌

D.2.1 门牌及安全告知牌

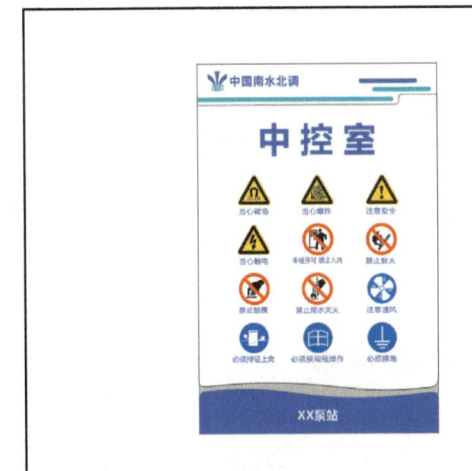

参数标准
规格:400 cm(宽)×600 cm(长)。
颜色:采用白色作为底色,图案如图所示。
工艺:亚克力激光切割烤漆,图文丝网印刷。

安装位置
布置于室外一侧墙面上,让进入室内的人员一目了然。

附录 E　泵站厂房标识标牌

E.1　导视类标识标牌

E.1.2　泵房内位置导视牌

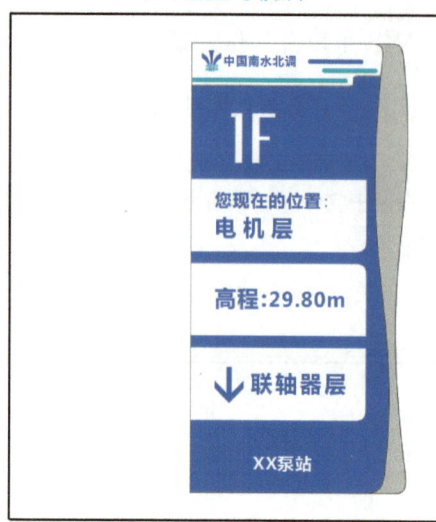

（图示：泵房内位置导视牌，显示"中国南水北调 1F 您现在的位置：电机层 高程:29.80m ↓联轴器层 XX泵站"）	**参数标准** 　规格:1 000 mm(高)×520 mm(宽)。 　颜色:蓝色作为底色,字体为微软雅黑,颜色搭配如图所示。 　工艺:1.5 mm 厚度 304♯不锈钢激光切割,刨槽折弯烤漆,图文丝印。 **安装位置** 　泵房电机层、联轴器层、检修层、水泵层靠近楼梯墙面上。

E.1.3　巡视检查路线及巡视点标牌

  （图示：巡视路线、参观路线箭头牌）	**参数标准** 　规格:300 mm(高)×150 mm(宽)。 　颜色:巡视路线采用白色作为底色,参观路线采用蓝色作为底色,图案如图所示。 　工艺:30 丝磨砂 PVC 夜光牌。 **安装位置** 　按照巡视路线图布设。
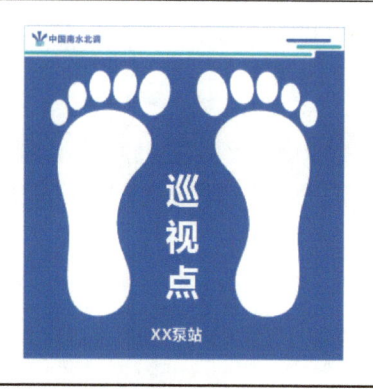 （图示：巡视点脚印标牌 XX泵站）	**参数标准** 　规格:200 mm(宽)×200 mm(高)。 　颜色:采用蓝色作为底色,图案如图所示。 　工艺:不干胶纸或者是 2mm 厚铝板。 **安装位置** 　按照巡视路线图布设。

E.2 公告类标识标牌

E.2.1 平立剖面图牌

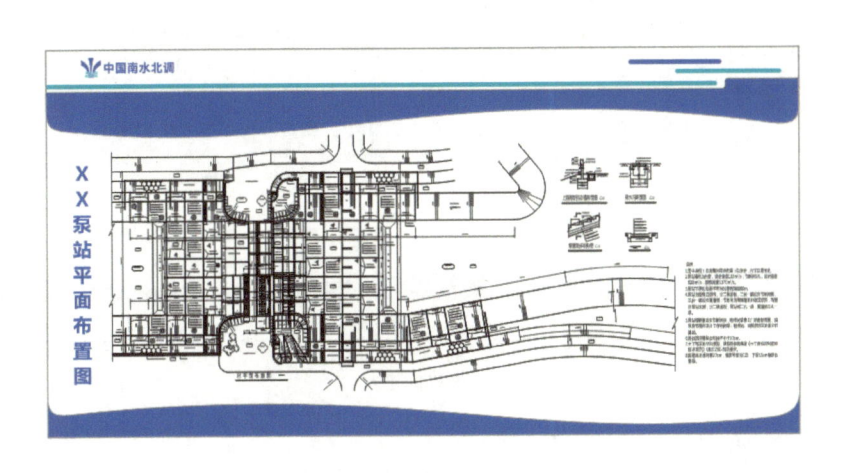

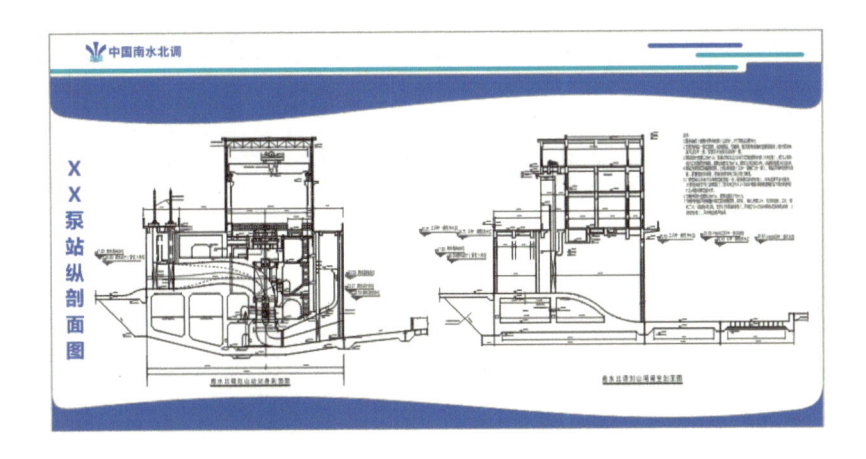

参数标准

规格：2 000 mm(宽)×1 000 mm(高)。
颜色：深蓝加白色调为主，字体微软雅黑。
工艺：1.5 mm厚度304♯不锈钢激光切割，刨槽折弯烤漆，图文丝印。

安装位置

泵房电机层墙面显要位置。

E.2.2　设备维修揭示图牌

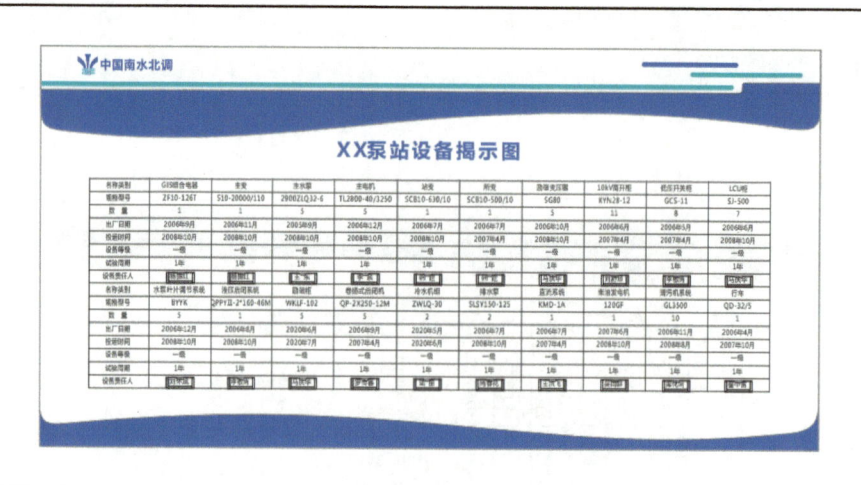

参数标准

规格:2 000 mm(宽)×1 000 mm(高)。
颜色:深蓝加白色调为主,字体微软雅黑。
工艺:1.5 mm 厚度 304♯不锈钢激光切割,刨槽折弯烤漆,图文丝印。设备责任人采用插槽式。

安装位置

泵房电机层墙面显要位置。

E.2.3　油、气、水系统图牌

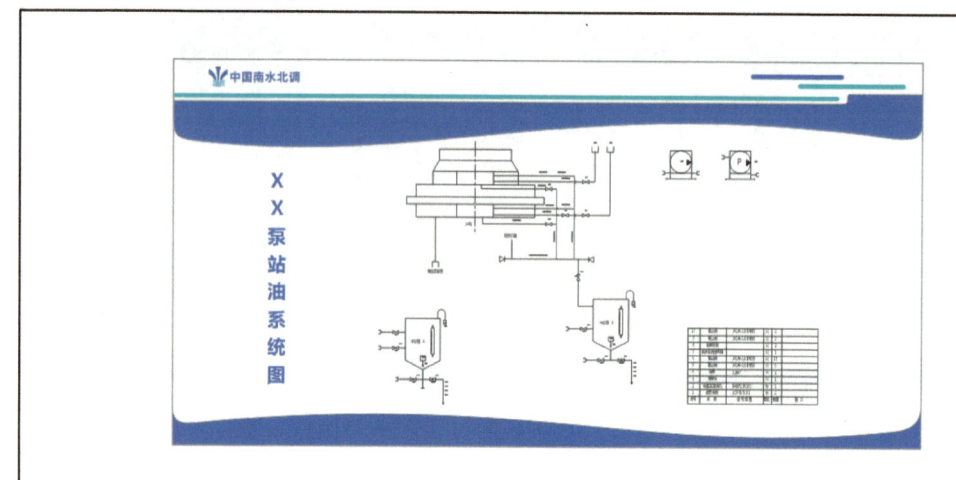

参数标准

规格:2 000 mm(宽)×1 000 mm(高)。
颜色:深蓝加白色调为主,字体微软雅黑。
工艺:1.5 mm 厚度 304♯不锈钢激光切割,刨槽折弯烤漆,图文丝印。

安装位置

泵房联轴层墙面显要位置。

E.2.4 油位上下限牌

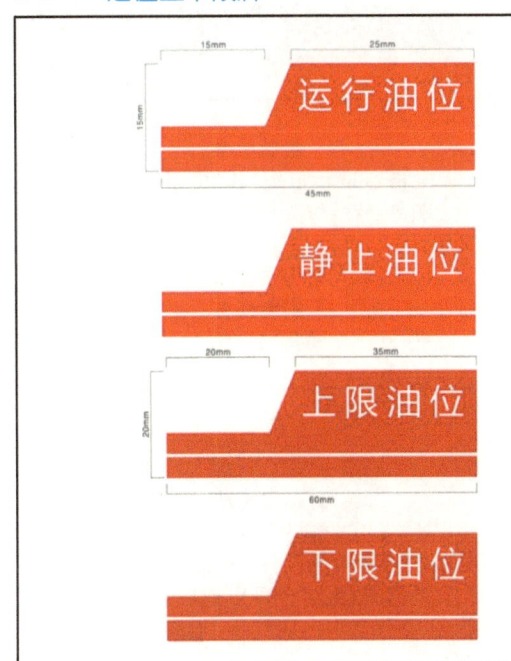

参数标准
规格：见图示。
颜色：红底白字，字体为微软雅黑。
工艺：2 mm厚透明亚克力，背面丝网印刷带进口3M胶。
安装位置
充油设备的油位上下限位置。

E.2.5 巡视检查内容牌

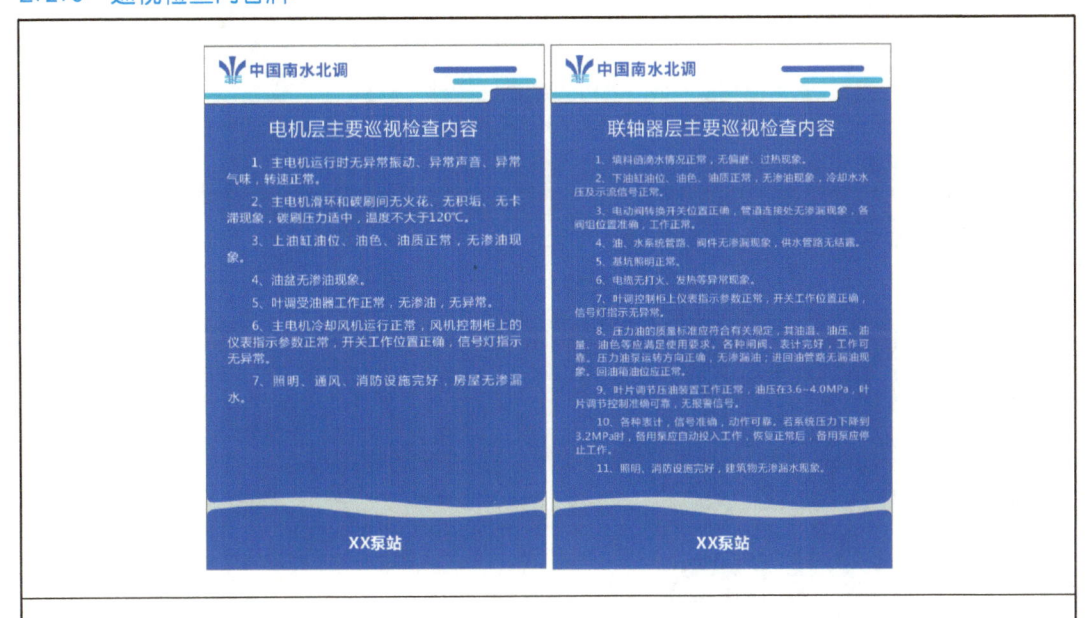

参数标准
规格：600 mm(宽)×900 mm(高)。
颜色：蓝色作为底色，字体为微软雅黑、白色。
工艺：亚克力激光切割烤漆，图文丝网印刷。
安装位置
分别布设在主厂房电机层、联轴层、水泵层室内一侧墙面显要位置。

073

E.3 名称编号类标识标牌

E.3.1 门牌

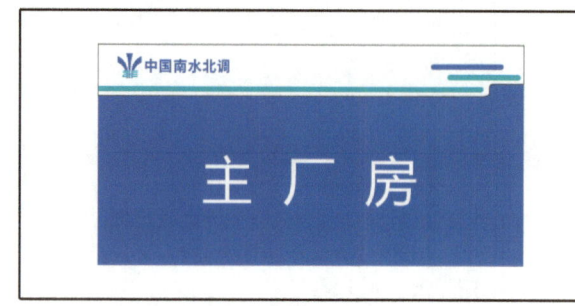

参数标准
规格：360 mm(宽)×180 mm(高)。
颜色：蓝色作为底色，字体为微软雅黑，白色。
工艺：亚克力烤漆丝印。
安装位置
室外门口一侧墙面上。

E.3.2 设备编号标识标牌

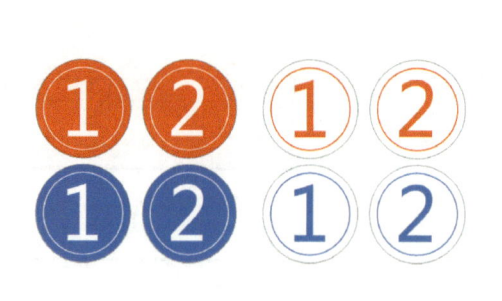

参数标准
规格：圆的规格为 $\phi=6\sim50$ cm；实际标识时，可根据现场设备情况进行适当调整。
颜色：颜色组合可以白底蓝字、蓝底白字、红底白字和白底红字，须参照设备底色选定。
工艺：亚克力或者 2 mm 厚铝板烤漆拉丝工艺。
安装位置
机电设备比较容易辨识到且相对平整的位置。

E.3.3 闸阀标识牌

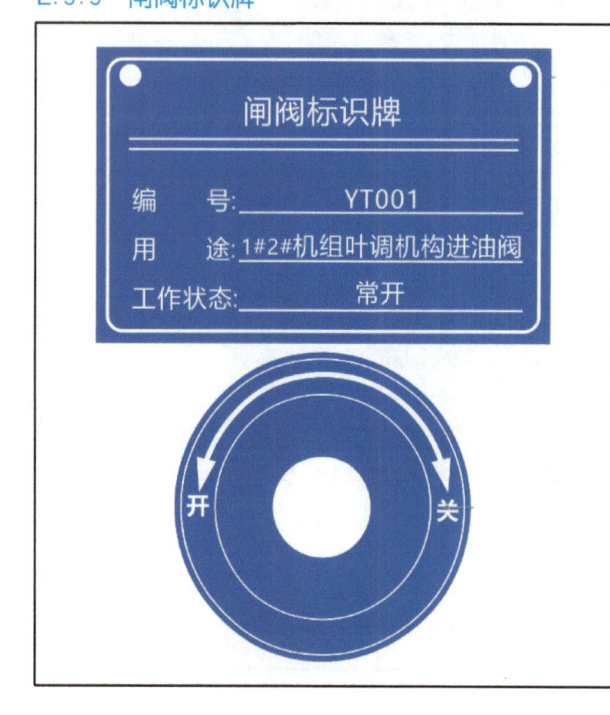

参数标准
规格：见图例。
颜色：蓝色作为底色，字体为微软雅黑，白色。
工艺：2 mm 铝板烤漆，图文丝网印刷。
安装位置
悬挂于闸阀开关上。

E.3.4 管路名称及示流方向标识牌

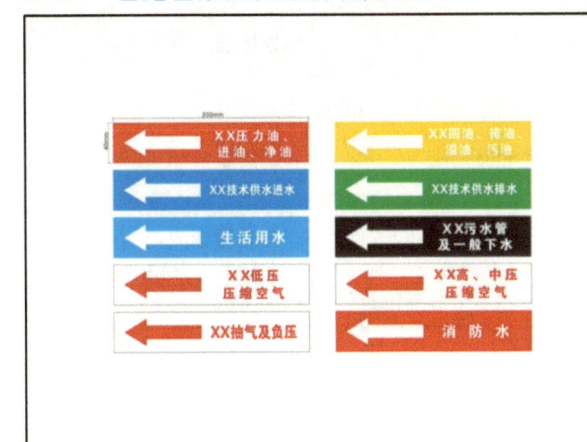

参数标准
规格:箭头的规格尺寸根据管路外径适当调整。
颜色:气系统的管道上应用红色箭头表示介质流向;水系统的管道上应用白色箭头表示介质流向;油系统的管道上应用白色箭头表示介质流向。
工艺:3M反光不干胶写真贴膜。
安装位置
机电设备比较容易辨识到且相对平整的位置。

E.3.5 设备管理责任卡

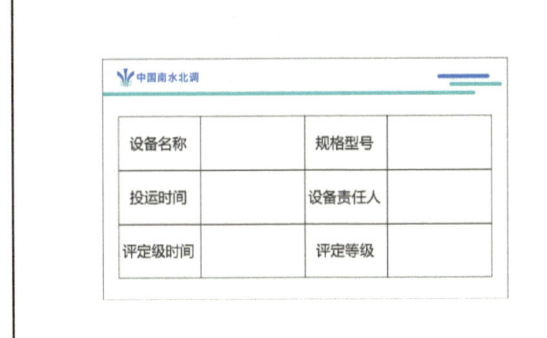

参数标准
规格:140 mm(宽)×80 mm(高)。
颜色:白底黑字,字体为微软雅黑。
工艺:插槽式亚克力板。
安装位置
根据设备实际情况选择设备右上角或设备较为显要的位置。

E.3.6 起重机额定起重量标牌

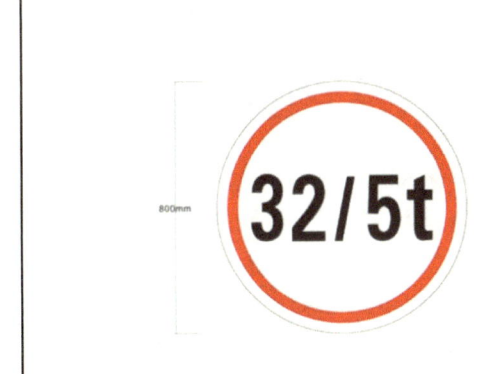

参数标准
规格:见图例。
颜色:白底、红圈、黑色字。
工艺:3M反光不干胶写真贴膜。
安装位置
粘贴于起重机上。

E.3.7　电缆牌

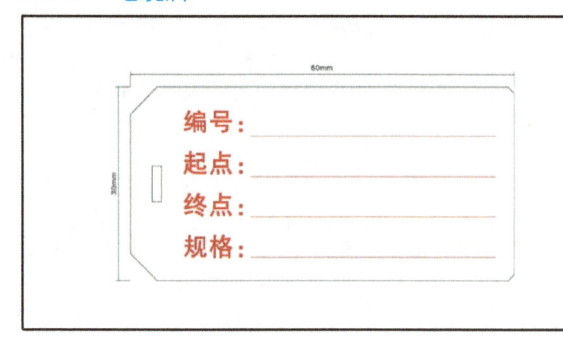

参数标准
规格：见图例。
颜色：白底红色字。
工艺：PVC。
安装位置
在电缆线路的首尾端、线缆改变方向处、电缆沟和竖井出入口处、电缆从一平面跨越到另一平面，以及电缆引至电气柜、盘或控制屏、台等位置应挂电缆标识牌。

E.3.8　旋转方向标识牌

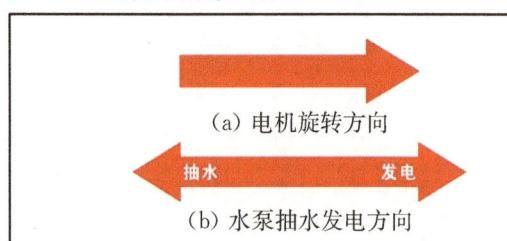

（a）电机旋转方向
（b）水泵抽水发电方向

参数标准
规格：见图例。
颜色：红底白字。
工艺：不干胶反光贴。
安装位置
贴于电机下机架外表。

E.4　安全类标识标牌

E.4.1　危险源告知牌

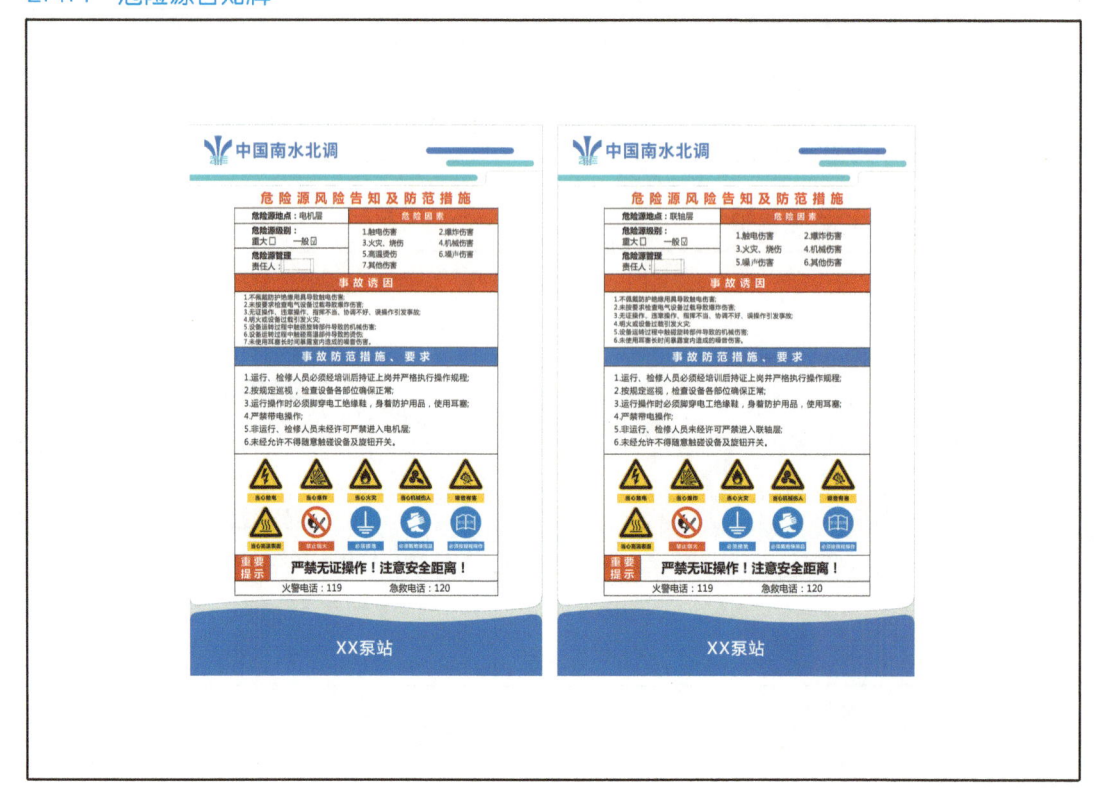

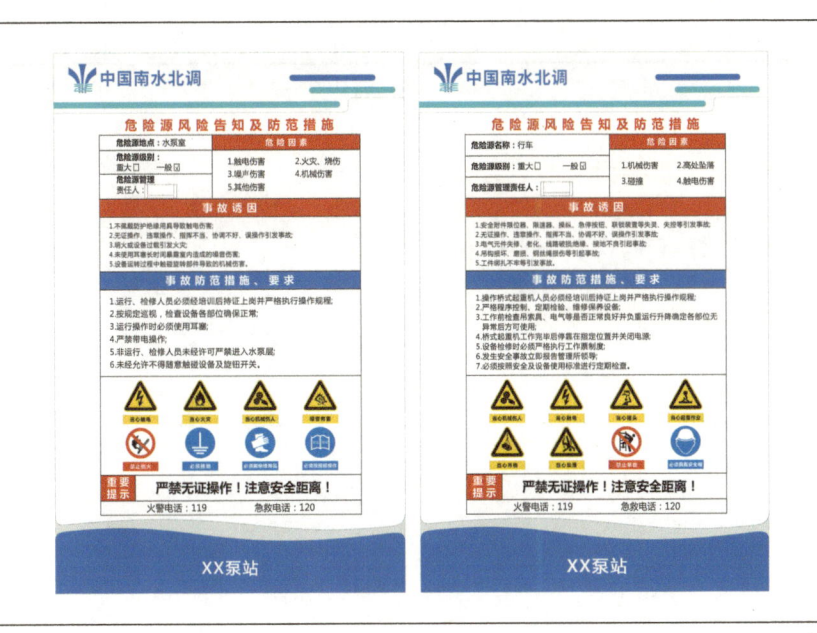

参数标准

规格：600 mm（宽）×900 mm（高）。
颜色：白色作为底色，字体为微软雅黑，颜色搭配如图所示。
工艺：亚克力激光切割烤漆，图文丝网印刷。

安装位置

主厂房电机层、联轴器层、水泵层一侧墙面显要位置。

E.4.2 职业危害告知牌

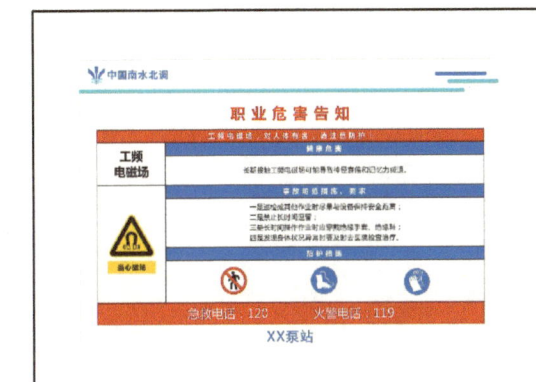

参数标准

规格：900 cm（宽）×600 cm（长）。
颜色：采用白色作为底色，图案如图所示。
工艺：亚克力激光切割烤漆，图文丝网印刷。

安装位置

噪声职业危害告知牌布设：电机层、联轴器层、水泵层一侧墙面显要位置。
工频磁场职业危害告知牌布设：电极层一侧墙面显要位置。

E.4.3　安全警戒线

（图示：黄色边框内有"1号主机组""2号主机组"…"5号主机组"圆形标识）	**参数标准** 规格：宽度 100 mm。 颜色：颜色如图所示。 工艺：PVC 胶带，车身贴喷绘。 **安装位置** 主机组四周。

附录 F　水闸、清污机标识标牌

F.1　导视类标识标牌

F.1.1　巡视检查路线和巡视点标牌

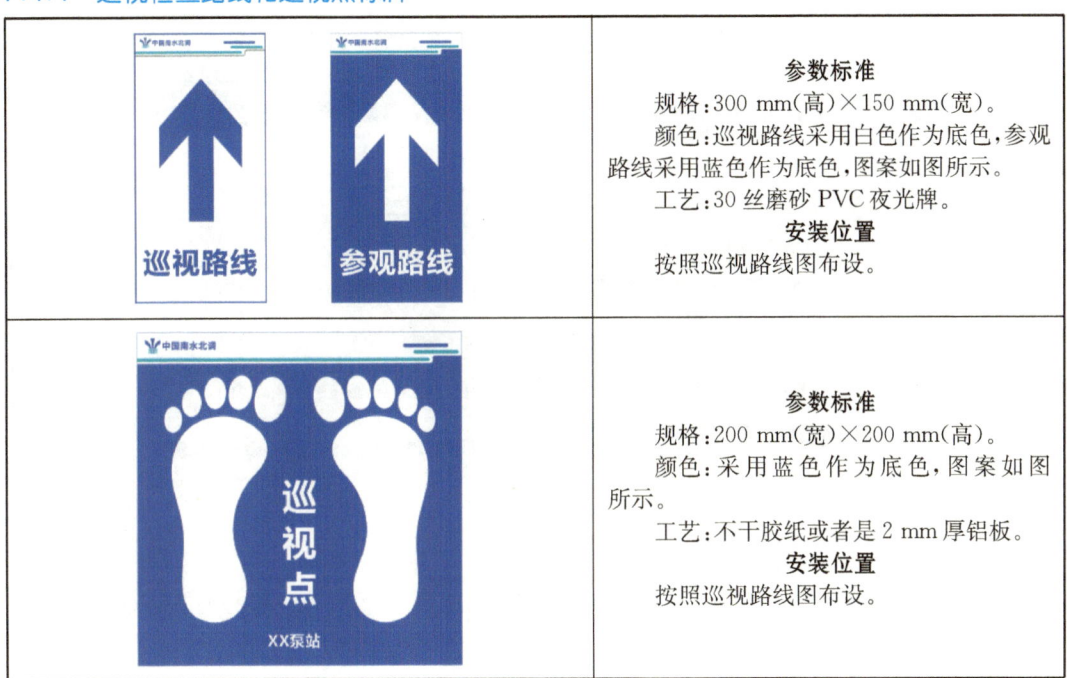

图示	说明
巡视路线、参观路线	**参数标准** 规格：300 mm(高)×150 mm(宽)。 颜色：巡视路线采用白色作为底色，参观路线采用蓝色作为底色，图案如图所示。 工艺：30 丝磨砂 PVC 夜光牌。 **安装位置** 按照巡视路线图布设。
巡视点 XX泵站	**参数标准** 规格：200 mm(宽)×200 mm(高)。 颜色：采用蓝色作为底色，图案如图所示。 工艺：不干胶纸或者是 2 mm 厚铝板。 **安装位置** 按照巡视路线图布设。

F.2　公告类标识标牌

F.2.1　启闭机控制原理接线图牌

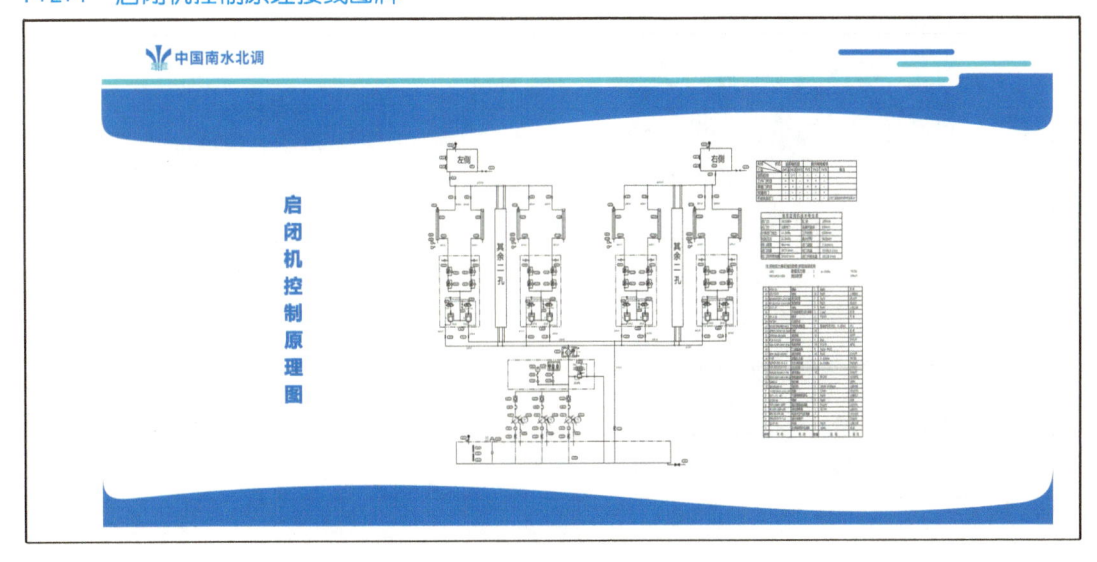

参数标准

规格：2000(宽)×1000(高)mm；
颜色：深蓝加白色调为主，字体微软雅黑；
工艺：1.5mm厚304不锈钢激光切割，爆槽折弯烤漆，图文丝印。

安装位置

启闭机室墙面显要位置。

F.2.2 设备维修揭示图牌

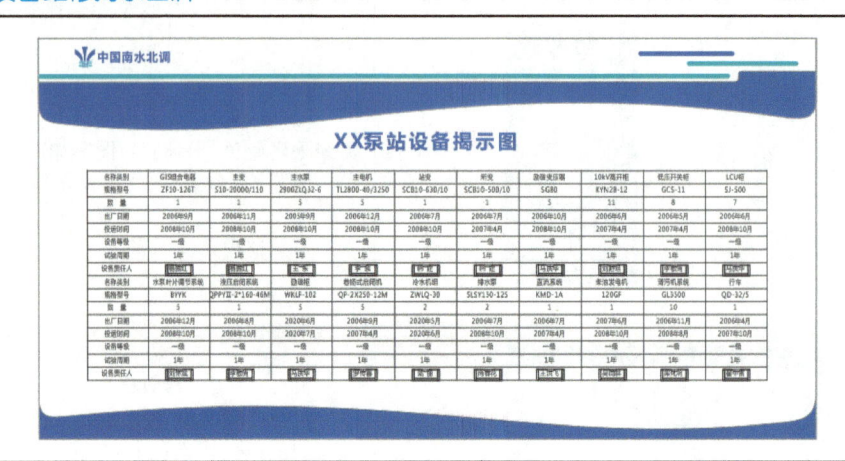

参数标准

规格：2 000 mm(宽)×1 000 mm(高)。
颜色：深蓝加白色调为主，字体微软雅黑。
工艺：1.5 mm 厚度 304# 不锈钢激光切割，刨槽折弯烤漆，图文丝印。设备责任人采用插槽式。

安装位置

泵房电机层墙面显要位置。

F.2.3 巡视检查内容牌

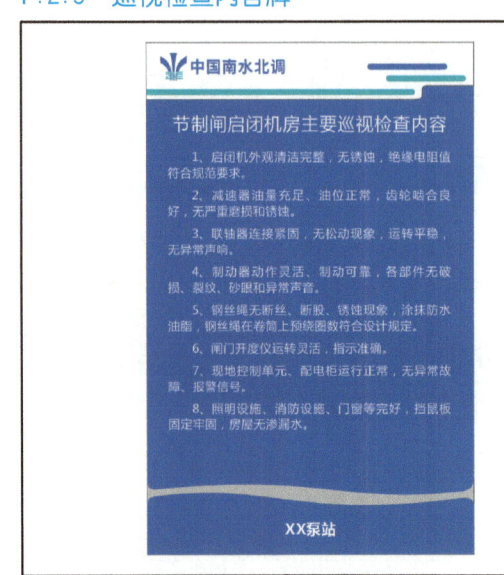

参数标准

规格：600 mm(宽)×900 mm(高)。
颜色：蓝色作为底色，字体为微软雅黑，白色。
工艺：亚克力激光切割烤漆，图文丝网印刷。

安装位置

室内一侧墙面显要位置。

F.2.4 重点检查部位提示牌

	参数标准
钢丝绳检查标准 钢丝绳排列正常，无断丝、无锈蚀。压板后钢丝绳绳头预留长度不超过10cm。闸门全关时，卷筒上钢丝绳不少于4圈。	规格：120 mm（宽）×70 mm（高），可根据机架尺寸缩放。 颜色：如图所示，符合安全色标准。 工艺：2 mm厚铝板。 **安装位置** 巡视部位机架旁。

F.3 名称编号类标识标牌

F.3.1 门牌及安全告知牌

	参数标准
中国南水北调 启闭机室 （安全警示图标）	规格：400 cm（宽）×600 cm（长）。 颜色：采用白色作为底色，图案如图所示。 工艺：亚克力激光切割烤漆，图文丝网印刷。 **安装位置** 布置于室外一侧墙面上。

F.3.2 设备编号标识牌

	参数标准
① ②	规格：直径 250 mm。 颜色：红底白字。 工艺：2 mm厚铝板烤漆拉丝工艺。 **安装位置** 启闭机中间地面上，闸孔一侧墙面上。

F.3.3　设备管理责任卡

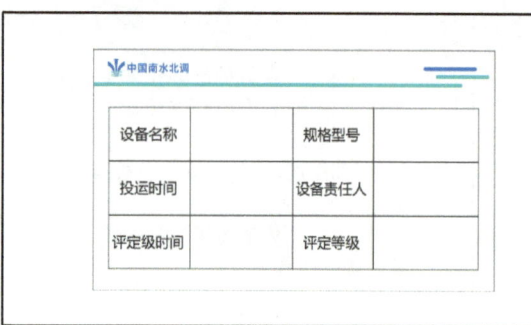

参数标准
规格：140 mm（宽）×80 mm（高）。
颜色：白底黑字，字体为微软雅黑。
工艺：插槽式亚克力板。
安装位置
根据设备实际情况选择设备右上角或设备较为显要的位置。

F.3.4　闸门升降方向标识牌

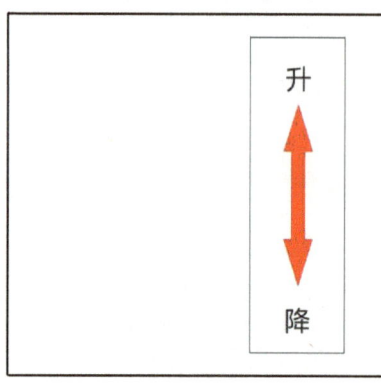

参数标准
规格：宽度与启闭机齿轮罩壳同宽，长度为 30 cm。
颜色：白底黑字，箭头红色，字体为微软雅黑。
工艺：铝板。
安装位置
粘贴于启闭机齿轮罩壳上。

F.3.5　电机旋转标识

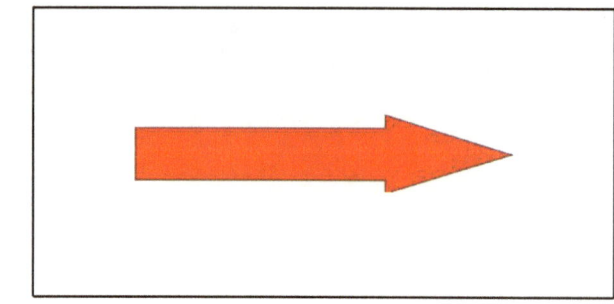

参数标准
规格：150 mm（宽）×30 mm（高），根据现场实际情况放大或缩小。
颜色：红色。
工艺：铝板。
安装位置
固定在电机罩壳上。

F.3.6　启闭控制柜眉标识牌

参数标准
规格：高度 60 mm，宽度与柜体同宽。
颜色：白底红字带边框，字体为微软雅黑。
工艺：KT 板或铝板。
安装位置
电气柜柜眉处。

F.4 安全类标识标牌

F.4.1 挡鼠板

参数标准
规格：高度 40 cm，宽度参照门宽。
颜色：粘贴黄黑警示双色带，表面粘贴警示标志。
工艺：304 不锈钢。
安装位置
布置在 GIS 室、高低压开关室、励磁室、LCU 室等电气设备间入口。

F.4.2 安全警戒线标识牌

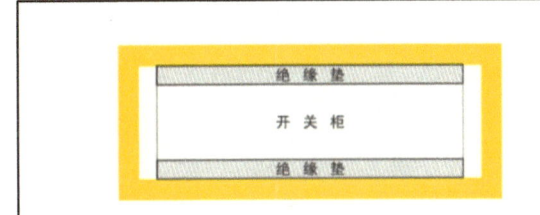

参数标准
规格：宽度 100 mm。
颜色：颜色如图所示。
工艺：PVC 胶带，车身贴喷绘。
安装位置
开关柜绝缘垫四周。

F.4.3 危险源告知牌

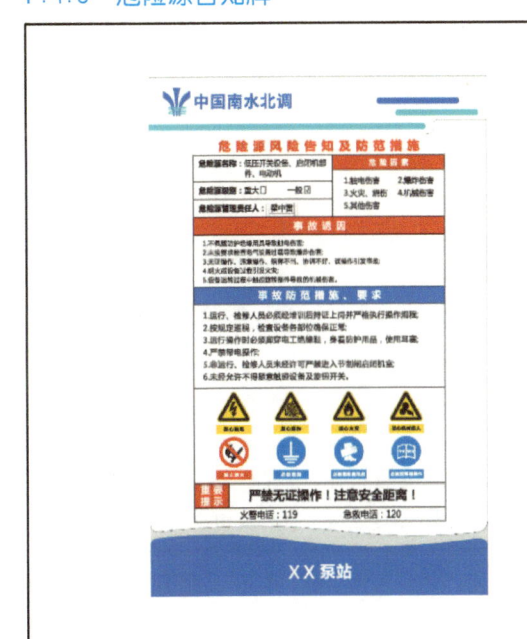

参数标准
规格：600 mm（宽）×900 mm（高）。
颜色：白色作为底色，字体为微软雅黑，颜色搭配如图所示。
工艺：亚克力激光切割烤漆，图文丝网印刷。
安装位置
启闭机室内一侧墙面显要位置。

F.4.4　当心机械伤人警示牌

(当心机械伤人图示)	**参数标准** 规格:300 mm(宽)×200 mm(高)。 颜色:采用黄色为警示色,黑色文字及边框。 工艺:2 mm 厚铝板贴反光膜。 **安装位置** 粘贴在两台启闭机中间地面和清污机传送链条外罩表面。

F.4.5　当心触电警示牌

(当心触电图示)	**参数标准** 规格:150 mm 正三角形。 颜色:如图所示,符合安全色标准。 工艺:2 mm 铝板贴反光膜。 **安装位置** 固定在清污机配电柜外表。

附录 G　其他标识标牌

G.1　防汛仓库

G.1.1　门牌及安全告知牌

（图示：防汛仓库门牌）	**参数标准** 　　规格:360 mm(宽)×180 cm(高)。 　　颜色:采用白色作为底色,图案如图所示。 　　工艺:亚克力激光切割烤漆,图文丝网印刷。 **安装位置** 　　布置于室外一侧墙面上。

G.1.2　防汛物资管理制度牌

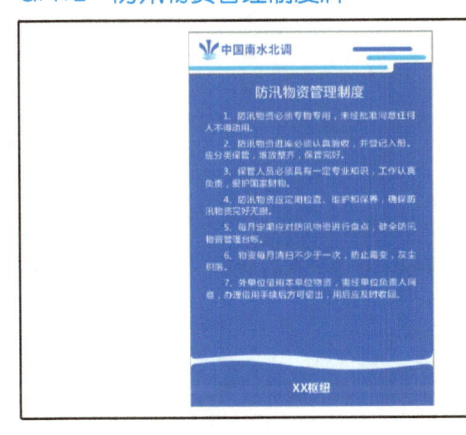

（图示：防汛物资管理制度牌）	**参数标准** 　　规格:600 mm(宽)×900 mm(高)。 　　颜色:蓝色作为底色,字体为微软雅黑白色。 　　工艺:亚克力激光切割烤漆,图文丝网印刷。 **安装位置** 　　室内一侧墙面显要位置。

G.1.3　防汛物资调运图

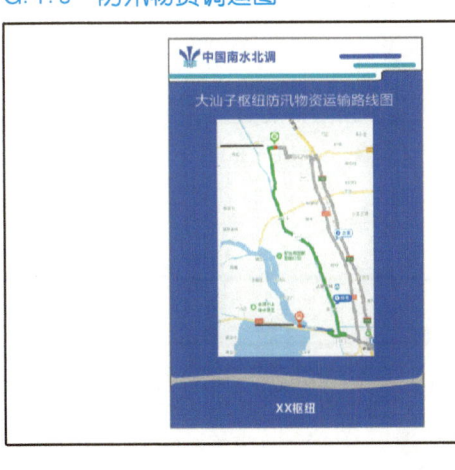

（图示：大汕子枢纽防汛物资运输路线图）	**参数标准** 　　规格:600 mm(宽)×900 mm(高)。 　　颜色:蓝色作为底色,字体为微软雅黑,白色。 　　工艺:亚克力激光切割烤漆,图文丝网印刷。 **安装位置** 　　室内一侧墙面显要位置。

G.2 柴油发电机房

G.2.1 门牌及安全告知牌

参数标准
规格：360 mm(宽)×180 cm(高)。
颜色：采用白色作为底色，如图所示。
工艺：亚克力激光切割烤漆，图文丝网印刷。

安装位置
布置于室外一侧墙面上。

G.2.2 巡视检查内容牌

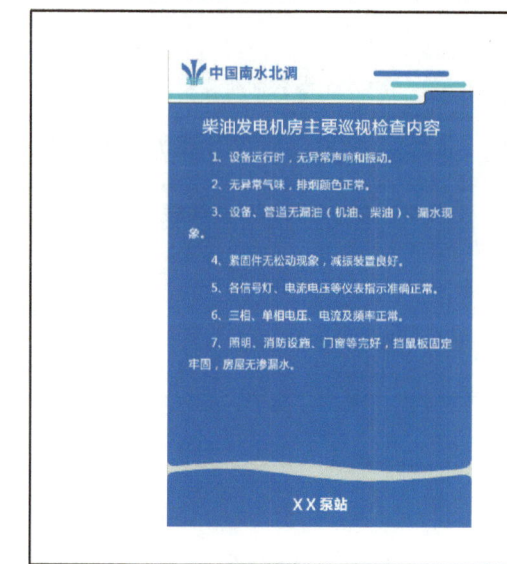

参数标准
规格：600 mm(宽)×900 mm(高)。
颜色：蓝色作为底色，字体为微软雅黑，白色。
工艺：亚克力激光切割烤漆，图文丝网印刷。

安装位置
室内一侧墙面显要位置。

G.2.3　危险源告知牌

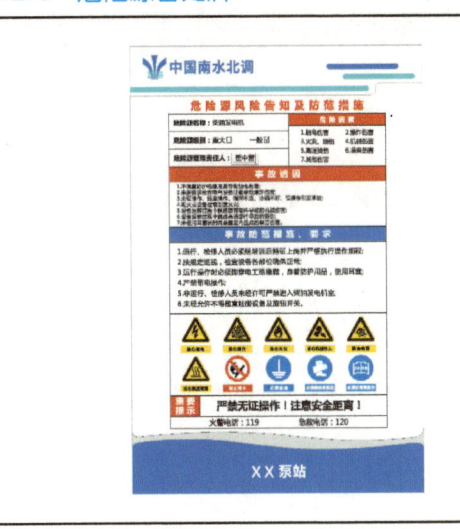

参数标准
规格:600 mm(宽)×900 mm(高)。
颜色:白色作为底色,字体为微软雅黑,颜色搭配如图所示。
工艺:亚克力激光切割烤漆,图文丝网印刷。
安装位置
室内一侧墙面显要位置。

G.3　公共区域

G.3.1　门贴标识

参数标准
规格:高度 120 mm,宽度与玻璃门同宽。
颜色:采用蓝色作为底色,字体为微软雅黑,白色。
工艺:不干胶贴纸。
安装位置
办公楼玻璃门。

G.3.2　门牌

参数标准
规格:360 mm(宽)×180 mm(高)。
颜色:蓝色作为底色,字体为微软雅黑,白色。
工艺:亚克力烤漆丝印。
安装位置
室外门口一侧墙面上。

G.3.3　楼层索引牌

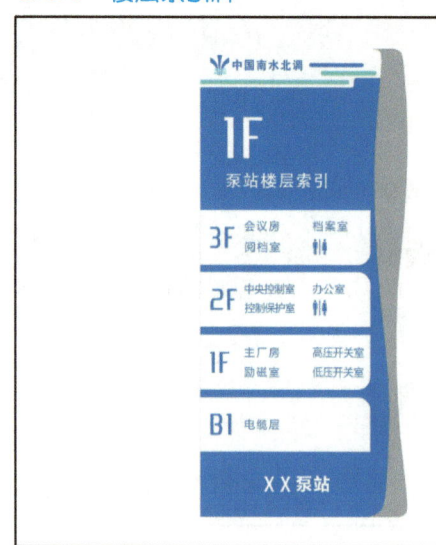

参数标准
规格：550 mm(宽)×1 200 mm(高)。
颜色：蓝色作为底色，导视部分为白底蓝字，字体为微软雅黑，颜色搭配如图所示。
工艺：2 mm 厚度 304 不锈钢激光切割，刨槽折弯烤漆。
安装位置
泵站门厅靠近楼梯墙面上。

G.3.4　楼层号牌

参数标准
规格：直径 280 mm。
颜色：蓝底白字，颜色搭配如图所示。
工艺：8 mm 厚度亚克力烤漆丝印。
安装位置
步梯门框上方墙面上。

G.3.5　节约用电提示牌

参数标准
规格：100 mm(宽)×50 mm(高)。
颜色：蓝底白字。
工艺：2 mm 厚度透明亚克力版背面丝印。
安装位置
照明控制开关上部。

G.3.6　消防布置及逃生路线图

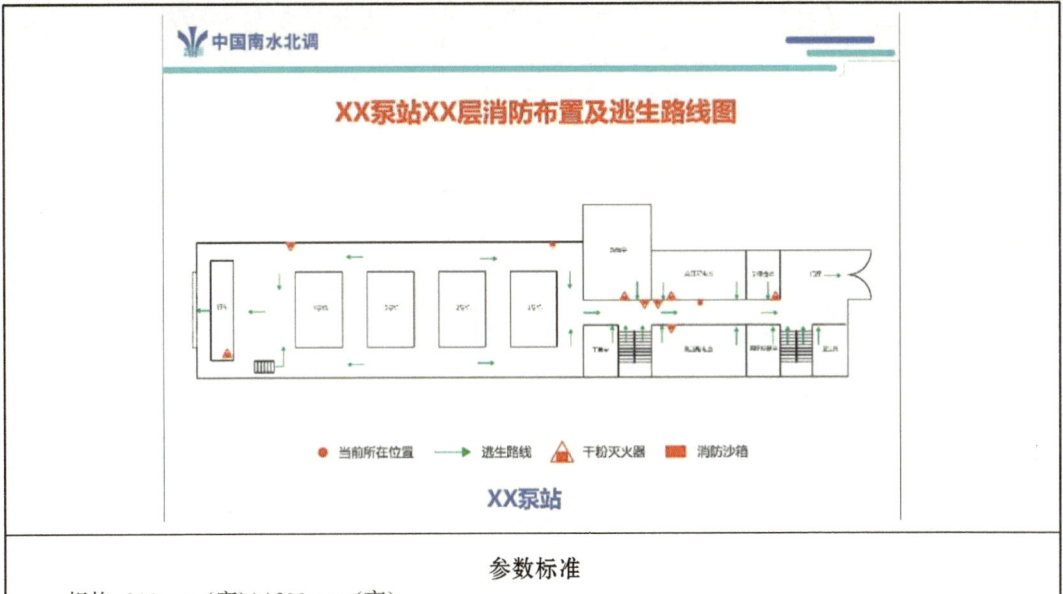

参数标准
规格:900 mm(宽)×600 mm(高)。
颜色:白色作为底色,字体为微软雅黑。
工艺:亚克力激光切割烤漆,图文丝网印刷。
安装位置
泵站控制楼每一层、主厂房每一层墙面显要位置。

G.3.7　卫生间综合门牌

(卫生间 Toilet 图)	**参数标准** 规格:220 mm(宽)×410 mm(高)。 颜色:蓝色作为底色,字体为微软雅黑,白色。 工艺:亚克力烤漆丝印。 **安装位置** 卫生间进门墙面上。
(男卫生间 Men / 女卫生间 Women 图)	**参数标准** 规格:180 mm(宽)×340 mm(高)。 颜色:蓝色作为底色,字体为微软雅黑,白色。 工艺:8+5 mm厚度亚克力烤漆丝印。 **安装位置** 卫生间一侧墙面上。

管理安全

1　范围

本标准规定了南水北调东线江苏水源有限责任公司辖管泵站工程安全管理工作要求。

本标准适用于南水北调东线江苏水源有限责任公司辖管泵站工程。类似工程可参照执行。

2　规范性引用文件

下列文件对于本标准的应用是必不可少的。凡是注日期的引用文件,仅注日期的版本适用于本标准。凡是未注日期或版本号的引用文件,其最新版本适用于本标准。

GB 2894　安全标志及其使用导则

GB/T 33000　企业安全生产标准化基本规范

SL 316　泵站安全鉴定规程

AQ/T 9004　企业安全文化建设导则

国务院令第591号　危险化学品安全管理条例

国务院令第493号　生产安全事故报告和调查处理条例

NSBD 16—2012　南水北调泵站工程管理规程

NSBD 21—2015　南水北调东、中线一期工程运行安全监测技术要求

3　术语和定义

3.1　安全设施

在生产经营活动中,将危险、有害因素控制在安全范围内,以及减少、预防和消除危害所配备的装置(设备)和采取的措施。

3.2　特种设备

涉及生命安全、危险性较大的锅炉、压力容器(含气瓶,下同)、压力管道、电梯、起重机械和场(厂)内专用机动车辆。

3.3　安全监测

为监视工程安全,掌握工程运行情况,及时发现和处理潜在的工程安全隐患,所开展的现场检查和仪器监测。

3.4　三级安全教育

三级安全教育是指新入厂职员、工人的厂级安全教育、车间级安全教育和岗位(工段、班组)安全教育,是厂矿企业安全生产教育制度的基本形式。

4 总体要求

为规范工程安全生产工作,提升标准化水平,确保工程运行安全可靠,特制定本标准。管理安全生产工作遵循"安全第一、预防为主、综合治理"的方针,落实安全生产主体责任。管理单位应采用"策划、实施、检查、改进"的"PDCA"动态循环模式,结合自身特点,构建安全风险分级管控和隐患排查治理双重预防体系;自主建立并保持安全生产标准化管理体系;通过自我检查、自我纠正和自我完善,构建安全生产长效机制,持续提升安全生产绩效。

5 目标职责

5.1 目标

5.1.1 目标制定

各管理单位应根据自身安全生产实际,制定文件化的总体和年度安全生产与职业健康目标,并纳入单位总体和年度生产经营目标。

5.1.2 目标落实

各管理单位应明确目标的制定、分解、实施、检查、考核等环节要求,并按照所属基层单位、部门和班组在生产经营活动中所承担的职能,将目标分解为指标,签订目标责任书,确保落实。

5.1.3 目标定量

各管理单位应遵照国家、行业、地方有关的法律法规和其他要求,结合实际情况,提出中长期规划,制定安全生产总目标,内容包括:

(1) 贯彻落实安全生产法律法规及公司各项规章制度,并宣传全员覆盖。
(2) 从业人员安全教育培训合格率达到100%。
(3) 新职工三级安全教育率达到100%,转岗安全教育培训率达到100%。
(4) 特种作业人员持证上岗率达到100%。
(5) 一般隐患整改率达到100%,杜绝重大隐患。
(6) 安全指令性工作任务完成率达到100%。
(7) 机动车辆按时检测率达到100%,设备保护装置安全有效率达到100%。
(8) 各类事故"四不放过"处理率达到100%。
(9) 违章违纪查处率达到100%。
(10) 死亡事故为零,重伤事故为零。
(11) 轻伤事故≤1人次/年。
(12) 重大火灾、爆炸事故为零。
(13) 职业危害因素检测场所覆盖率达到100%,告知率达到100%。
(14) 职业病发病率为零、劳动防护用品配备率为100%。
(15) 道路、水上交通责任事故为零。
(16) 食物中毒事故和重大传染病事故为零。

建立责任明确、关系顺畅、制度齐全,并能有效运行的安全生产管理体系,形成安全生产管理长效机制;设置安全生产管理机构,配备专职安全生产管理人员。

5.1.4 目标监控与考核

各管理单位应每季度对安全生产目标责任书执行情况进行自查和评估,对发现的问题提出整改意见;每年年底需要对安全生产目标完成情况进行一次考核,根据责任书内容进行奖惩。

5.2 机构和职责

5.2.1 组织机构

各管理单位应落实安全生产组织领导机构,成立安全生产领导小组,并应按照有关规定设置安全生产管理机构,或配备相应的专职或兼职安全生产管理人员,建立健全安全管理组织网络。

5.2.2 主要负责人及管理层职责

各管理单位主要负责人全面负责安全生产,并履行相应职责和义务。具体如下:

(1) 各管理单位负责人是安全生产的第一责任人,对单位的劳动保护和安全生产负全面领导责任。

(2) 坚决执行国家"安全第一、预防为主、综合治理"的安全生产方针和各项安全生产法律、法规,接受上级领导部门监督和行业管理。

(3) 审定、颁发各项安全生产责任制和安全生产管理制度,提出安全生产目标,并组织实施。

(4) 贯彻系统管理思想,严格执行"五同时"要求,同时计划、布置、检查、总结、评比安全工作,确保"安全第一"贯彻于现场管理工作的全过程。

(5) 负责安全生产中的重大隐患的整改、监督。一时难以解决的,要组织制定相应的强化管理办法,采取有效措施,确保工程安全,并向上级部门提出书面报告。

(6) 审批安全技术措施计划,负责安全技术措施经费的落实。

(7) 落实专兼职安全员管理,按规定配备并聘任具有较高技术素质、责任心强的安全员,行使安全督导管理权力,并支持其对安全生产有效管理。

(8) 主持召开安全生产例会,认真听取意见和建议,接受各方监督。

分管安全负责人应对各自职责范围内的安全生产工作负责。具体如下:

(1) 在管理单位负责人的领导下,具体负责工程安全生产管理工作,对安全生产规章制度的执行情况行使监督、检查权,并对工程安全管理负有直接管理责任。

(2) 负责制定安全管理方面的规章制度,监督检查贯彻落实情况。

(3) 负责日常安全检查活动,消除事故隐患,纠正三违行为。

(4) 负责对职工进行安全思想教育和新工人上岗的安全教育与培训。组织特种作业人员参加资质培训,监督、检查和掌握工程特种作业人员持证上岗情况。

(5) 按规定审查作业规程中的安全措施,并监督检查执行情况。按规定负责或参与安全生产设施、设备的审查与验收以及对新工艺、新设备安全设施、设备的审查。

(6) 定期分析工程的安全形势及薄弱环节,掌握安全方面存在的问题,提出解决的措施和意见。

（7）负责安全档案管理、安全工作记录、安全工作的统计上报工作。按规定的职权范围，对事故进行追查，参加事故抢救工作。

（8）定期召开安全生产会议，开展安全生产活动。收集有关安全方面的信息，推广先进经验和先进的管理方法，指导运管人员开展安全生产工作。

（9）遇到危险情况，有权决定中止作业、停止使用或者紧急撤离。

运行管理人员应按照安全生产责任制的相关要求，履行其安全生产职责。具体如下：

（1）在管理单位负责人的领导下，按照安全管理要求开展运行管理活动。

（2）严格执行安全管理方面的规章制度。

（3）做好日常安全管理工作，消除事故隐患。

（4）积极参加安全生产教育培训。如有特种作业人员，必须按照法规制度要求参加相关培训。

（5）严格执行作业规程中的安全措施。按规定参加新工艺、新设备的安全培训并按照相关要求操作四新设施、设备。

（6）积极对工程现场安全方面存在的问题，提出解决的措施和意见。

（7）严格按规定的职权范围，做好事故应急处理工作。

（8）定期参加安全生产会议，开展安全生产活动。

（9）遇到危险情况，有权决定中止作业、停止使用或者紧急撤离。

5.3 安全生产投入

5.3.1 安全费用管理

根据工程实际，建立安全生产费用保障办法，按照有关规定提取和使用安全生产费用，明确费用提取、使用、管理的程序、职责和权限。

各管理单位应根据安全生产管理目标和使用计划，编制年度安全生产费用预算，经审批后按规定使用。安全费用使用计划的编制应做到对项目名称、投入金额（万元）、组织部门、备注（特殊说明）等清楚说明，按规定履行报批手续。

各管理单位应建立安全费用台账（含费用使用记录、费用使用情况检查表、专款专用检查表等），记录安全生产费用的数额、支付计划、经费使用情况、安全经费提取和结余等资料。

安全生产领导小组每半年对安全费用台账进行检查，每年年底对本年度安全生产费用使用情况进行检查，并进行公开。

5.3.2 安全费用使用范围

各管理单位的安全费用应当按照以下范围使用：完善、改造和维护安全防护设施设备支出（不含"三同时"要求初期投入的安全设施）；配备、维护、保养应急救援器材、设备支出和应急救援队伍建设与应急演练支出；开展重大危险源和事故隐患评估、监测监控和整改支出；安全生产检查、评价（不包括新建、改建、扩建项目安全评价）、咨询和标准化建设支出；配备和更新现场作业人员安全防护用品支出；安全生产宣传、教育、培训支出；安全生产使用的新技术、新标准、新工艺、新装备的推广应用支出；安全设施及特种设备检测检验支出；安全生产责任保险支出；其他与安全生产直接相关的支出。

5.4 安全文化建设

各管理单位应开展安全文化建设,每年年初向上级主管单位申报安全文化建设计划,经批复后实施;各管理单位开展的安全文化建设活动内容应符合 AQ/T 9004 的规定。

5.5 安全生产信息化建设

各管理单位应结合实际,组织安全员或其他技术人员完善安全生产电子台账管理、重大危险源监控、职业病危害防治、应急管理、安全风险管控和隐患自查自报、安全生产预测预警等信息体系建设。

6 制度化管理

6.1 法规标准识别

6.1.1 法律法规、标准规范识别和获取

(1) 各管理单位根据安全生产工作的需要,识别收集适用本单位的安全生产和职业健康法律法规、标准规范。

(2) 安全生产工作领导小组办公室负责组织相关人员对识别的法律法规、标准规范进行符合性评审。

(3) 由安全生产工作领导小组办公室对识别的法律法规、标准规范进行适用性评估、传达,监督职工对法律法规和其他要求的遵守情况。

6.1.2 识别和获取途径

(1) 识别途径:全国人大及其常委会、国务院、国务院各部门发布的安全生产和职业健康管理法律、行政法规、部门规章;江苏省人大及其常委会、江苏省人民政府发布的安全生产和职业健康管理地方性法规、政府规章;省水利厅、省国资委等制定下发的有关安全生产和职业健康管理的规定、要求;国家标准、地方标准、行业标准中有关安全生产和职业健康的管理要求;其他有关标准、规范及要求。

(2) 获取途径:通过网络、新闻媒体、行业协会、政府主管部门及其他形式查询获取国家的安全生产和职业健康法律、法规、标准及其他规定;上级部门的通知、公告等;各岗位工作人员从专业或地方报刊、杂志等获取的法律、法规、标准和其他要求,应及时报送安全生产工作领导小组识别、确认并备案。

6.1.3 法律法规与其他要求的实施

(1) 各管理单位每年至少组织一次法律法规及其他制度的学习培训并保留相关记录。

(2) 安全生产领导小组办公室每年应至少组织一次对法律法规、标准规范进行符合性审查,出具评审报告;对不符合适用要求的法律法规、标准规范,由安全生产领导小组办公室组织人员及时整改。

6.2 安全生产规章制度

(1) 在《安全生产和职业健康法律法规、标准规范清单》及《安全生产规章制度汇编》完

成的前提下，管理单位应每年组织人员修订完善相关安全生产规章制度，及时将识别、获取的安全生产法律法规与其他要求转化为本单位规章制度，贯彻到日常安全管理工作中；修订后的规章制度应正式印发执行。

（2）管理单位的安全生产管理制度应包含但不限于：①目标管理；②安全生产承诺及安全生产责任制；③安全生产会议；④安全生产奖惩管理；⑤安全生产投入；⑥教育培训；⑦安全生产信息化；⑧新技术、新工艺、新材料、新设备设施；⑨法律法规标准规范管理；⑩文件、记录和档案管理；⑪重大危险源辨识与管理；⑫安全风险管理、隐患排查治理；⑬班组安全活动；⑭特种作业人员管理；⑮建设项目安全设施、职业病防护设施"三同时"管理；⑯设备设施管理；⑰安全设施管理；⑱作业活动管理；⑲危险物品管理；⑳化学品管理；㉑警示标志管理；㉒消防安全管理；㉓交通安全管理；㉔防洪度汛管理；㉕工程监测；㉖调度管理；㉗工程维修养护；㉘用电安全管理；㉙仓库管理；㉚安全保卫；㉛工程巡查巡检；㉜变更管理；㉝职业健康管理；㉞劳动防护用品（具）管理；㉟安全预测预警；㊱应急管理；㊲事故管理；㊳相关方管理；㊴安全生产报告制度；㊵绩效评定及持续改进。

（3）安全生产规章制度必须发放到相关工作岗位及职工，并组织职工培训学习，留存学习记录。

6.3 操作规程

管理单位必须根据工程实际编制运行、检修、设备试验及相关设备操作规程，并发放至相关操作人员；对相关人员进行培训、考核，严格贯彻执行操作规程。

6.4 文档管理

（1）管理单位建立并严格执行文件管理制度，明确文件的编制、审批、标识、收发、流转、评审、修订、使用、保管、废止等内容。

（2）建立并严格执行记录管理制度，明确相关记录的填写、标识、收集、贮存、保护、检索、保留和处置的要求。

（3）按制度规定对主要安全生产过程、事件、活动和检查等安全记录档案进行有效管理，明确专职档案员。

（4）每年评估一次安全生产法律法规、技术规范、操作规程的适用性、有效性和执行情况，并根据评估情况，及时修订相关规章制度、操作规程。

7 教育培训

7.1 教育培训管理

（1）管理单位的安全教育培训内容包括安全思想教育、安全规程制度教育和安全技术知识教育。

（2）管理单位必须建立安全教育培训制度，其主要内容应包括安全教育培训的组织、对象、内容、检查、考核等，并以正式文件印发。制度的内容应全面，不应漏项。

（3）管理单位应通过对年度安全目标、工程安全受控状态、岗位人员综合素质及历年安全生产状况的分析，了解安全教育培训的需求，由安全生产领导小组制订年度安全教育培训计划并组织实施。培训计划包括培训内容、培训目的、培训对象、培训时间、培训方式、实施部门、所需费用等要素。

（4）管理单位每年对安全教育培训效果进行评价，根据评价结论进行改进。

（5）培训结束后应形成安全教育培训记录、人员签到表、培训照片、培训通知等文字或音像资料。

7.2 人员教育培训

7.2.1 安全管理人员

（1）管理单位主要负责人和安全生产管理人员，必须参加与本单位所从事的管理活动相适应的安全生产知识和管理能力培训，取得安全资格证书后方可上岗，并按规定参加每年的继续教育培训。

（2）管理单位主要负责人和安全生产管理人员安全资格初次培训时间不得少于32学时，每年再培训时间不得少于12学时。

7.2.2 岗位操作人员

（1）对新员工必须进行三级安全教育，考核合格后方能进入管理生产现场；新员工在适应期间应参加所在班组的安全活动（适应期原则上不超过三个月）。在新设备、新流程投入使用前，对有关管理、操作人员进行专门的安全技术和操作技能培训；操作人员转岗或离岗一年以上，岗位安全教育培训合格方可重新上岗。

（2）高压电工、电力调度等特种作业人员应按照国家有关规定经过专门的安全作业培训，并取得特种作业资格证书后上岗作业；按照规定参加复审培训，未按期复审或复审不合格的人员，不得从事特种作业工作；离岗六个月以上的特种作业人员，应进行实际操作考试，经确认合格后可上岗作业。

（3）起重设备等特种设备操作人员应按照国家有关规定经过专门的安全作业培训，并取得特种作业资格证书后上岗作业；按照规定参加复审培训，未按期复审或复审不合格的人员，不得从事特种作业工作；离岗六个月以上的特种作业人员，应进行实际操作考试，经确认合格后可上岗作业。

（4）每年至少对在岗人员进行一次安全生产教育培训，并留存相关资料。

7.2.3 其他人员

（1）相关方进入管理单位前，必须对作业人员进行安全教育培训，并留存相关记录；按规定督促检查相关方人员持证上岗作业，并留存相关方人员证书复印件。

（2）相关方的主要负责人、项目负责人、专职安全生产管理人员经相关主管部门验证后方可进场作业。

（3）外来参观、采访等人员进入管理单位前，相关接待人员应向参观人员进行安全注意事项介绍，并做登记。在现场参观期间，管理单位应派专人陪同监护。

7.2.4 安全注意事项介绍

包括本单位安全生产规章制度及责任、安全管理、防火管理、设备使用、安全检查与监督、危险源、设备运行生产特点、应急处理方法等安全注意事项。

8 现场管理

8.1 设施设备管理

8.1.1 工程注册登记

管理单位依据《水闸注册登记管理办法》(2019修订),新建水闸竣工验收之后3个月以内,向地方水行政主管部门提出注册申请,按要求提交所需材料,由其对申请材料进行审核、登记并核发注册登记证。

8.1.2 工程安全鉴定

(1) 根据《泵站安全鉴定规程》(SL316—2015)、《江苏省水利厅关于修订印发〈江苏省水闸安全鉴定管理办法〉的通知》(苏水规〔2020〕3号)及《江苏省水利厅关于修订印发〈江苏省泵站安全鉴定管理办法〉的通知》(苏水规〔2020〕4号)中对安全鉴定的规定,新建泵站投入运行20~25年后或全面更新改造泵站投入运行15~20年后,应组织1次全面安全鉴定,之后每隔5~10年进行1次安全鉴定。

(2) 各管理单位负责人及时向上级主管部门提出安全鉴定申请,委托有省级及以上计量认证管理机构认定的相应检测资质的单位进行现场检测,并配合安全鉴定小组,完成安全鉴定工作总结,向上级主管部门上报安全鉴定材料并归档。

(3) 按规定进行安全鉴定,评定安全等级。水闸、泵站安全管理评审应达到二类以上。

(4) 根据评定及安全鉴定结果,及时编制除险加固计划;按权限实施除险加固,消除隐患。

8.1.3 关键设备设施及重点部位

关键设备设施及重点部位主要包括(但不限于)土工建筑物、混凝土建筑物、厂房、电气设备、金属结构、水力机械及辅助设备、自动化系统、备用电源(柴油发电机)等,其安全管理应符合下列规定:

设计、建设和验收档案齐全;按规定登记注册;按规定定期开展安全鉴定、安全监测(检测);设备、设施运行管理制度齐全;维修、养护、巡查和观测资料准确、完整;设备设施外观整洁、结构完整、标识准确、稳定可靠、布局合理、无破损、无缺陷;消防和防雷等设备设施或装置完好;抢险、巡查和疏散通道通畅,标志齐全清晰;安全防护设施和警示标志充分、完好。

8.1.4 设备设施检查养护

(1) 水工建筑物

具体管理要求详见《管理要求》第4章。

(2) 电气及自动化管理设备

具体管理要求详见《管理要求》第5章。

(3) 水机及金属结构设备

具体管理要求详见《管理要求》第5章。

(4) 工作场所

具体管理要求详见《管理要求》第9章。

8.1.5 设备设施报废、拆除

设备设施的报废应办理审批手续,报废设备设施需要拆除的,拆除前应制定方案,报废、拆除应按方案和许可内容组织落实。

8.2 作业行为

8.2.1 安全监测

(1)管理单位应按照观测任务书以及相关规范规程要求的监测范围、监测项目、频次、精度等对水工建筑物进行监测(包括工程巡查和工程观测)。

(2)在特殊情况下,如地震、超标准洪水、运行条件发生变化以及发现异常情况时,应加强巡视检查,并应增加仪器监测的次数,必要时还应增加监测项目,监测成果应及时整理,并尽快编写专题报告上报。

(3)每次监测后及时进行资料分析整编,其内容包括仪器监测原始数据的检查、异常值的分析判断、填制报表和绘制过程线以及巡视检查记录的整理等。

(4)年度资料整编是在日常资料整理的基础上,将原始监测资料经过考证、复核、审查、综合整理、初步分析,编印成册。

(5)泵站安全监测频次:垂直位移每季度一次;水平位移每季度一次;伸缩缝每月两次;测压管水位每周一次。

(6)进出水池及引河堤防安全监测频次:河道地形五年一次,遇大洪水年、枯水年应适当增加频次;过水断面每半年一次;大断面五年一次;断面桩桩顶高程考证五年一次。

(7)水闸安全监测频次:上下游水位一天一次;运行期间流量一天2次;垂直位移每季度一次;河道断面半年一次;伸缩缝每月两次;测压管水位每周一次。

8.2.2 调度运行

(1)建立调度运行有关制度:调度管理制度、值班制度、调度总结制度等。

(2)建立调度管理流程,权限明确。

(3)严格执行调度指令,正确处理防洪、调水、发电关系,保证工程的日常调度、汛期调度期间工程安全。

(4)与当地气象、水文、电力加强沟通协调,保证工程运行安全。

(5)及时准确上传下达工情、水情信息,及时报汛。

(6)做好记录,及时总结,做好技术档案管理。

8.2.3 运行管理

(1)运行过程必须严格按照调度指令、工作票及操作票执行。

(2)现场值班运行需至少3人,巡查时2人一组。

(3)启停机组时必须双人操作,一人操作,一人监护并复述相关工作票及操作票内容。

(4)及时做好相关表单记录。

(5)落实现场运行防护措施,如保护压板、紧急停机按钮等。

8.2.4 防洪度汛

(1)每年汛期之前应开展汛前检查保养,查清工程重要险工隐患并制定应急措施。

(2)根据人员变动及时调整防汛组织机构,并报上级主管单位。

(3)建立防洪度汛制度,落实度汛管理责任制,明确各班组、人员相关职责。

（4）及时修订工程度汛方案和防洪预案(含超标准洪水预案)，按照相关国家、行业规定做好预案管理。

（5）每年在汛期之前检查抢险设备、物资是否到位，同时定期盘点防汛仓库物资是否齐全，建立防汛物资台账，保证防汛物资充足。

（6）落实抢险队伍，定期对抢险人员开展抢险知识培训与演练。

（7）及时开展汛前、汛中及汛后检查，发现问题及时处理。

（8）汛期确保工程管理人员 24 小时值班，做好值班记录，若发生险情，值班人员应第一时间汇报上级主管单位。

8.2.5　工程范围管理

（1）明确工程管理范围和保护范围，并设置相应标识标志。

（2）按规定做好管理范围内巡查巡检；对违法行为及涉河建设行为，及时通知当地河长、水政等执法部门。

（3）按规定设置界桩、界牌、水法宣传标牌、警示标牌等。

（4）在授权管理范围内，对工程管理设施及水环境进行有效管理和保护。

8.2.6　安全保卫

（1）制定保卫制度，并建立安全保卫管理组织。

（2）做好管辖范围内工程重要部位保卫工作。

（3）对现场配备的安全防护措施进行维护和日常检查。

（4）开展治安隐患排查和整改，制定治安突发事件现场处置方案，并组织演练，确保及时有效地处置治安突发事件。

（5）与当地公安部门沟通协作。

8.2.7　现场临时用电管理

（1）管理单位按有关规定编制临时用电专项方案或安全技术措施，并经验收合格后投入使用。

（2）操作人员必须持证上岗，用电配电系统、配电箱、开关柜应符合相关规定，并落实安全措施。

（3）自备电源与网供电源的联锁装置安全可靠，电气设备等按规范装设接地或接零保护。

（4）现场起重机等起吊设备与相邻建筑物、供电线路等的距离应符合规定。

（5）操作人员安全工具配置齐全，操作时严格执行安全规程，专人监护。

（6）临时用电区域的管理单位应定期对施工用电设备设施进行检查。

（7）外来施工单位的临时用电人员必须由管理单位专人监护监管。

8.2.8　危险化学品管理

（1）建立危险化学品管理制度，明确购买、存储、使用各环节的安全管理措施。

（2）按规定设置警示性标签及其预防措施，做好危险化学品的日常管理。

（3）按规定登记造册，加强仓储管理。

8.2.9　交通安全管理

（1）管理单位职能部门工作要求

①遵守和执行国家、各级政府相关规范和制度中有关驾驶安全的要求和规定。

②组织驾驶员参加安全学习和有关交通安全方面的各类培训。

③制订计划,定期对机动车辆进行交通安全专项检查,并做好车辆年检及相关工作。

(2) 机动车驾驶员职责

①遵守国家、各级政府相关规范和制度的各项要求。

②参加有关交通安全的学习和培训。

③驾驶前,负责检查交通工具基本情况,熟悉性能,详细了解工作内容,并制订相应行驶计划。

④驾驶车辆时,持证驾驶,严格执行交通法规和管理所行车规定。

⑤每天出车前检查车辆状况,保持良好车况。

⑥定期清扫车辆,保持车辆整洁。

⑦不酒后驾车,驾车时不打电话。

⑧及时向主管领导报告发生的不安全事件或事故。

工程管理范围内行驶车辆应按照相应标志导向行驶,速度不得大于 5 km/h,并服从现场安全管理人员指挥。

8.2.10 消防安全管理

管理范围内地面以上消防器材每月进行 1 次检查,地面以下消防器材每月进行 2 次检查,每年对消防报警系统进行专业检测,日常维护并定期调试,做好台账记录;发生损坏或故障应及时维修或更新。

(1) 管理单位应定期组织消防检查,并落实火灾隐患整改,及时处理涉及消防安全的重大问题。

(2) 对工程消防重点部位建立档案。

(3) 制定并严格执行动火审批制度。

(4) 组织制定符合现场实际的灭火和应急疏散预案并定期(每年至少一次)实施消防演练。

8.2.11 仓库管理

(1) 制定仓库管理制度。

(2) 仓库结构满足安全要求,物品要满足"六距要求"。

(3) 仓库内涉及高空等危险作业时必须做好相应安全防范措施。

(4) 仓库内应按规定配备相应灭火安全设施,仓库工作人员应熟练掌握消防知识。

(5) 除工作需要外,非工作人员严禁进入库房。如因工作需要确需进入库房的应征得单位负责人同意,在仓库工作人员确认其已熟悉相应的安全事项、告知并遵守本仓库安全管理规定的前提下进入。非工作人员进入库房时,仓库工作人员必须在现场进行实时监督,发现违章行为及时制止。

(6) 严格用电、用水管理,每日要三查,一查门窗关闭情况,二查电源、火源、消防易燃情况,三查货物堆垛及仓库周围有无异常情况。

(7) 库房内外严禁烟火,不准吸烟、不准设灶、不准点蜡烛、不准乱接电线、不准把易燃物品带进去寄放。

(8) 定期进行物资清洁整理,做到存放到位、清洁整齐、标识齐全、安全高效;私人物件不得存放库内。

(9)按要求开展出入库、盘点等工作,做好台账记录。

8.2.12 高处作业

(1)配置高处作业所需的安全技术措施及材料,并编制相应的施工专项方案。

(2)高处作业人员必须经体检合格后上岗作业,登高架设作业人员持证上岗。

(3)登高作业人员正确佩戴和使用合格的安全防护用品;有坠落危险的物件应固定牢固,无法固定的应先行清除或放置在安全处。

(4)雨雪天高处作业,应采取可靠的防滑、防寒和防冻措施;遇有六级及以上大风或恶劣气候时,应停止露天高处作业。

(5)高空作业时应设立相关警戒区域,并派专人监护。

8.2.13 起重吊装作业

(1)起重吊装作业前按规定对设备、工器具进行认真检查;指挥和操作人员持证上岗、按章作业,信号传递畅通。

(2)大件吊装办理审批手续,并有技术负责人现场指导。

(3)不以运行的设备、管道等作为起吊重物的承力点,利用构筑物或设备的构件作为起吊重物的承力点时,应经核算。

(4)照明不足、恶劣气候或风力达到六级以上时,不进行吊装作业。

(5)与架空线路的安全距离符合规定,坚持十个不准吊。

8.2.14 工程水下检查、机组水下检查、河道清淤、工程观测等水上水下作业

(1)进行水上或水下作业前,应取得《水上水下活动许可证》,并制定应急预案。

(2)落实人员、设备防护措施;作业船舶符合安全要求,工作人员必须持证上岗,严格执行操作规程,并作相关安全告知及培训,留存相关资料。

(3)落实安全管理措施,设置隔离带及隔离水域,防止作业船舶与其他船舶、设备发生安全事故。

(4)随时了解和掌握天气变化和水情动态,并与作业人员保持信息沟通。

8.2.15 焊接作业

(1)焊工必须持证上岗,并作相关安全告知及培训,留存相关资料。

(2)焊接前对设备进行检查,确保性能良好,符合安全要求。

(3)进行焊接、切割作业时,有防止触电、灼伤、爆炸和引起火灾的措施,并严格遵守消防安全管理规定。

(4)焊接作业结束后,作业人员清理场地、消除焊件余热、切断电源,仔细检查工作场所周围及防护措施,确认无起火危险后离开。

8.2.16 临近带电体作业

(1)做好作业前准备工作:办理施工作业票及许可证;进行危害识别,对作业人员进行风险告知、技术交底;划定警戒区域,设置警示标志;工作人员工作中正常活动范围与带电体的安全距离(详见表1)。

表1 工作人员距离带电体的安全距离

电压等级(kV)	10以下	20~35	63~110	220	330	500
距离(m)	0.7	1	1.5	3	4	5

（2）带电作业人员必须持证上岗，按规定执行工作票、监护人等制度。

（3）作业时施工人员、机械与带电线路和设备的距离必须大于最小安全距离，并有防感应电措施。

8.2.17 交叉作业

（1）制定协调一致的安全措施，并进行充分的沟通和交底。

（2）应搭设严密、牢固的防护隔离措施。

（3）交叉作业时，不上下投掷材料、边角余料，工具放入袋内，不在吊物下方接料或逗留。

8.2.18 破土作业

（1）施工前，管理单位应组织安排施工作业单位逐条落实有关安全措施，配置相应的安全工器具，应对所有作业人员进行工作交底，安全员进行安全教育。

（2）施工作业人员先应检查施工作业设备是否完好，管理单位技术负责人确认措施无误后，通知施工作业人员进行施工。

（3）在施工过程中，如发现不能辨认物体时，不得敲击、移动，作业人员应立即停止作业，施工作业单位负责人上报管理单位主要负责人，查清情况后，重新制定安全措施后方可再施工。

（4）管理单位技术负责人在作业过程中加强检查督促，防止意外情况的发生。

8.2.19 有限空间作业

（1）从事有限空间作业的职工，在进入作业现场前，要详细了解现场情况和以往事故情况，并有针对性地准备检测和防护器材。

（2）进入作业现场后，首先对有限空间进行氧气、可燃气体、硫化氢、一氧化碳等气体检测，确认安全后方可进入。

（3）对作业面可能存在的电、高温、低温及危害物质进行有效隔离。

（4）进入有限空间时应佩戴有效的通信工具，系安全绳，保持空气流通，通风顺畅。

（5）当发生急性中毒、窒息事故时，应在做好个体防护并佩戴必要应急救援设备的前提下，进行救援。

（6）严禁贸然施救，以免造成不必要的伤亡。

（7）严格安全管理，落实作业许可。

8.2.20 岗位达标

（1）建立班组安全活动管理制度，明确岗位达标的内容和要求。

（2）开展安全生产和职业卫生教育培训、安全操作技能训练、岗位作业危险预知、作业现场隐患排查、事故分析等岗位达标活动，并做好记录。

（3）从业人员应熟练掌握本岗位安全职责、安全生产和职业卫生操作规程、安全风险及管控措施、防护用品使用、自救互救及应急处置措施。

8.2.21 相关方管理

（1）严禁将设备检修等施工任务交派不具备资质和安全生产许可证的单位，合同中应明确安全要求，明确安全责任。

（2）对现场作业的相关方进行现场安全交底，书面告知作业场所存在的危险因素、防范措施和应急处置措施等，并留存相关资料。

（3）须与进场单位签订安全生产协议，必要时进行岗前培训。

（4）管理单位应派专人现场督查进场单位施工，协调现场交叉作业。

（5）对进场单位进行登记备案，做好登记工作。

8.3 职业健康

8.3.1 职业健康管理制度

管理单位应建立职业健康管理制度，包括职业危害的监测、评价、控制等职责和要求。

8.3.2 职业健康防护

（1）按照法律法规、规程规范的要求，为人员提供符合职业健康要求的工作环境和条件，配备相适应的职业健康保护措施、工具和用品。

（2）教育并督促作业人员按照规定正确佩戴、使用个人劳动防护用品。

（3）指定专人负责保管、定期校验和维护各种防护用具，确保其处于正常状态，并将校验维护记录存档保存。

（4）选用符合《个体防护装备选用规范》的劳动防护用品。

（5）必须贯彻执行有关保护妇女的劳动法规，有配套的更衣间、洗浴间、孕妇休息室等卫生设施。

（6）巡视工程现场时，必须佩戴防护用品。

8.3.3 防护器具管理

为规范职业健康保护设施、工具、劳动防护用品的发放和使用，保证安全生产活动顺利进行，指定专人负责保管、定期校验和维护各种防护用具，确保其处于正常状态。

（1）根据工作计划编制职业健康保护设施、工具、劳动防护用品的需求计划。

（2）负责确认所采购职业健康保护设施、工具、劳动防护用品等防护器具供应商的资质。

（3）采购的职业健康保护设施、工具、劳动防护用品等防护器具应及时登记，填写采购记录，及时入库。

（4）负责监督职业健康保护设施、工具、劳动防护用品等防护器具的验收，并作相应的防护器具测试。

（5）负责职业健康保护设施、工具、劳动防护用品等防护器具的发放工作，做好发放记录。

（6）按要求做好防护器具的保管、保养工作；做到台账与实际符合。

8.3.4 健康监护及档案管理

职业健康体检的范围包括管理单位所有职工，包括在编人员、合同工、人事派遣人员以及离岗人员。体检主要包括上岗前、在岗和离岗前的体检，由管理单位综合部门组织，检查结果由安全领导小组办公室审核并备案。

（1）上岗前体检

职工在入职前应到管理单位指定体检机构进行就职前体检，体检合格方可入职。

（2）职工定期体检

管理单位在职员工每年进行一次健康体检工作，特殊工种作业人员必须做相应规范要求的职业性健康体检。

（3）离岗时体检

职工在离岗时应到管理单位指定体检机构进行体检，体检合格方可离职。

（4）员工接受职业健康检查应当视同正常出勤。

（5）体检地点为具有从事职业健康检查资质的当地医疗卫生机构。管理单位组织劳动者进行职业健康检查，并承担职业健康检查费用。

（6）职业卫生档案包括：单位基本情况；职业卫生防护设施的设置、运转和效果；职业危害因素浓（强）度监测效果及分析；职业健康检查的组织及检查结果评价等。内容应定期更新。

（7）健康监护档案包括：劳动者姓名、性别、年龄、婚姻、文化程度等情况；劳动者职业史、既往病史和职业病危害接触史；历次职业健康检查结果及处理情况；职业病诊疗资料；需要存入职业健康监护档案的其他有关资料。

（8）相关职能部门负责建立个人健康档案，档案应包括个人基本情况、体检结果等。

（9）所有体检资料必须由综合部负责保管，注意其保密性，并妥善可靠保管。

8.3.5 职业病患者

（1）对于检查中发现的有职业禁忌的人员，管理单位应当按照要求予以调离或暂时脱离原工作岗位。

（2）对职业病患者按规定给予及时治疗、疗养。

（3）及时调整职业病患者到合适岗位。

（4）接触职业病危害因素的人员在作业过程中出现与所接触职业病危害因素相关的不适应症、受到急性职业中毒危害或出现职业中毒症状的，管理单位应立即按照相关现场处置方案进行处理。

8.3.6 职业病危害告知与警示

（1）岗前告知

与职工签订合同（含聘用合同）时，应将工作过程中可能产生的职业病危害及其后果、职业病危害防护措施和待遇等如实告知，并在劳动合同中写明或专门与职工签订职业病危害劳动告知合同。

在履行劳动合同期间，因工作岗位或者工作内容变更，从事与所订立劳动合同中未告知的、存在职业病危害的作业时，应向职工如实告知现所从事的工作岗位存在的职业病危害因素，并签订职业病危害因素告知补充合同。

（2）现场告知

在有职业病危害告知需要的工作场所醒目位置设置公告栏，公布有关职业病防治的规章制度、操作规程、职业病危害事故应急救援措施和工作场所职业病危害因素检测结果。

在产生职业病危害的作业岗位的醒目位置，应当按照《工作场所职业病危害警示标识》（GBZ 158）的规定，在醒目位置设置图形、警示线、警示语句等警示标识和中文警示说明。警示说明应当载明产生职业病危害的种类、后果、预防和应急处置措施等内容。

（3）检查结果告知

如实告知职工职业卫生检查结果，发现疑似职业病危害的及时告知本人。职工离开用人单位时，如索取本人职业卫生监护档案复印件，有关部门（单位）应如实、无偿提供，并在所提供的复印件上签章。

（4）职业病危害警示

①对于可能产生职业病危害的作业场所，应当在醒目位置设置公告栏，公布有关职业

病防治的规章制度、操作规程、职业病危害事故应急救援措施和工作场所职业病危害因素检测结果。

②对产生严重职业病危害的作业岗位，应当在醒目位置，设置警示标识和中文警示说明，对作业人员进行告知。

③警示说明应当载明产生职业病危害的种类、后果、预防以及应急救治措施等内容。

8.3.7 职业病危害识别与管理

（1）针对管理范围内存在的职业病危害因素，按规定及时、如实地向当地主管单位申报生产过程存在的职业病危害因素。发生变化后及时补报。

（2）管理单位应按照《职业病危害项目申报办法》（国家安监总局令第48号）的要求申报职业病危害项目。

（3）安全生产领导小组办公室定期对各项职业病危害告知事项的实行情况进行监督、检查和指导，确保告知制度的落实。

（4）有职业病危害的部门（单位）应对接触职业病危害的职工进行上岗前和在岗定期培训和考核，使每位职工掌握职业病危害因素的预防和控制技能。

（5）如未如实告知职业病危害的，从业人员有权拒绝作业。不得以从业人员拒绝作业而解除或终止与从业人员订立的劳动合同。

（6）发生职业病危害事故时，管理单位要在4小时内报公司主要负责人、公司分管领导，若险情或事故严重的应在半小时内上报公司主要负责人，并在最短时间内以书面形式向公司安全生产领导小组汇报情况。

8.3.8 职业病危害日常监测

（1）明确日常监测人员，监测人员定期维护监测系统、设备使其正常运行。

（2）对存在尘毒等化学有害因素和高温、低温、噪声、振动等物理因素进行监测，并做好记录。

（3）对工作场所存在的各种职业病危害因素进行定期监测，工作场所各种职业病危害因素检测结果必须符合国家有关标准要求。

（4）及时提交现场监测结果报告。

8.4 警示标志

8.4.1 警示标志的管理要求

（1）警示标志的采购质量严格执行相关规定，验收合格后方可使用。

（2）警示标志的市场采购，若不能满足现场管理需求，管理单位则可自行制作，但应满足相关规定。

8.4.2 警示标志的安装与维护

（1）警示标志应规范、整齐并定期检查维护，确保完好。

（2）在大型设备设施安装、拆除等危险作业现场应设置警戒区、安全隔离设施和醒目的警示标志，并安排专人现场监护。

8.4.3 警示标志的使用

（1）按照规定和现场的安全风险特点，在有重大危险源、较大危险因素和职业危害因素的工作场所，应设置明显的安全警示标志和职业病危害警示标识，告知危险的种类、后果及应急措施等。

（2）在危险作业场所设置警戒区、安全隔离设施。定期对警示标志进行检查维护，确保其完好有效并做好记录。

（3）警示标志不应设在门、窗、架等可移动的物体上，以免警示标志随母体相应移动，影响认读。警示标志前不得放置妨碍认读的障碍物。

（4）警示标志的平面与视线夹角应接近90°，观察者位于最大观察距离时，最小夹角不低于75°。

（5）多个警示标志在一起设置时，应按警告、禁止、指令、提示类型的顺序，先左后右、先上后下地排列。

（6）警示标志的固定方式分附着式、悬挂式和柱式三种。悬挂式和附着式的固定应稳固不倾斜，柱式的标志牌和支架应牢固地连接在一起。

8.4.4 警示标志的规格与质量

（1）除警告标志边框用黄色勾边外，其余全部用白色将边框勾一窄边，即警示标志的衬边，衬边宽度为标志边长或直径的0.025倍。

（2）警示标志应采用坚固耐用的材料制作，一般不宜使用遇水变形、变质或易燃的材料。有触电危险的作业场所应使用绝缘材料。

（3）警示标志应图形清楚，无毛刺、孔洞和影响使用的任何疵病。

9 安全风险管控及隐患排查治理

9.1 安全风险管理

9.1.1 管理制度

管理单位应结合单位实际，制定安全风险管理制度，包括危险源分析、风险辨识与评估的范围、要素、方法、准则和工作程序等。

9.1.2 风险辨识

（1）管理单位组织对管理范围内所有活动及设备设施的安全风险进行全面、系统辨识。

（2）常见的安全风险评估方式包括定性评估法、专家评估法、危险与可操作性分析法、预先危险分析法等。管理单位应结合实际，选择合适的评估方法和程序，从影响人、财产、环境三个方面的可能性和严重程度进行分析，每季度对工程现场安全风险辨识与评估。

（3）管理单位根据评估结果，确定安全风险等级。安全风险等级从高到低划分为重大风险、较大风险、一般风险和低风险，分别用红、橙、黄、蓝四种颜色标示。

（4）安全生产领导小组办公室成立安全风险评估小组，小组成员应由熟悉安全风险评估基本方法的不同层级（包括分管领导、中层管理人员、技术人员、现场作业人员等）的人员组成。

（5）安全生产领导小组办公室每年对全员至少要进行一次危险源辨识及安全风险评估知识的系统性培训；在组织正式危险源辨识和风险评估前，应对参与辨识、评估的人员进行专题培训。

9.1.3 危险源管理

所有辨识出的危险源应根据其风险等级制定管理标准和管控措施，明确管理和监管责任部门和责任人。管理标准和管控措施要具体、简洁、可操作性强;安全生产过程中,既要不断辨识新的危险源,更要实时监控危险源的管控状态,对原有危险源及管理标准和管控措施,根据当前状态适时进行动态评估,并根据评估结果,不断修正和完善管理标准和管控措施;当系统、设备、作业环境发生改变时,出现紧急情况或事故发生后,要及时进行危险源辨识和风险评估。

9.2 重大危险源辨识和管理

9.2.1 重大危险源辨识、管理要求

(1) 管理单位应建立重大危险源管理制度,明确重大危险源辨识、评价和控制的职责、方法、范围、流程等要求。

(2) 按制度进行重大危险源辨识、评价,确定危险等级,做好日常监控管理。

9.2.2 危险源辨识、评价和控制

安全生产领导小组办公室根据安全生产法规和其他要求的规定,以及安全生产制度的规定,定期发布重大危险源辨识与风险评价的通知,并根据风险管理相关规章制度的规定,开展重大危险源辨识与评价工作,对重大危险源进行登记建档并开展常态化的监控管理。

9.2.3 危险源管理

(1) 工程运行管理方面,应当按照风险管理规章制度和调度运行管理规章制度的规定,定期对水闸运行管理、泵站运行管理等方面辨识出来的重大危险源进行检查、检验,确保重大危险源的风险可控;在工程维修养护方面,应当按照风险管理规章制度和维修养护管理规章制度的规定,对辨识出来的重大危险源进行检查、检验,确保重大危险源的风险可控;在办公场所,应当按照《中华人民共和国消防法》及消防安全管理规章制度的规定,对辨识出来重大危险源进行检查、检验,确保重大危险源的风险可控。

(2) 在重大危险源现场设置明显的安全警示标志和危险源(点)警示牌或以危险告知书形式上墙告知、提醒。公示内容包括:危险源的名称和级别、部门级负责人、现场负责人、监控检查周期等。如因工作需要调整重大危险源(点)负责人,应在警示牌上及时更正。

(3) 管理单位制定相应的重大危险源应急救援处置方案,并定期组织培训和演练,每年至少进行一次重要危险源应急救援预案的培训和演练,并及时进行修订完善。

9.3 隐患排查治理

9.3.1 隐患排查制度

建立隐患排查制度,明确排查的目的、范围、责任部门和人员、方法和要求等;隐患排查范围包括管理范围所有场所、环境、人员、设备设施和活动。隐患排查应与安全生产检查相结合,与环境因素识别、危险源识别相结合。排查方式包括经常性检查、定期检查、节假日(特定时间)检查、特别(专项)检查。

9.3.2 排查方式及内容

(1) 经常性检查

管理单位对管理范围内的各种隐患定期进行检查,包括运行管理、施工作业、机械电气、消防设备等,以及现场人员有无违章指挥、违章作业和违反劳动纪律。对于重大隐患现象责令立即停止作业,并采取相应的安全保护措施。

①检查内容

a. 运行或施工前安全措施落实情况。

b. 运行或施工中的安全情况，特别是检查用电、用火、有限空间及水下作业等管理情况。

c. 各种安全制度和安全注意事项执行情况，如安全操作规程、岗位责任制、消防制度和劳动纪律等。

d. 设备装置运行、维护等情况，停工安全措施落实情况和工程项目施工执行情况。

e. 安全设备、消防器材及防护用具的配备和使用情况。

f. 安全教育和安全活动的开展情况。

g. 生产装置、施工现场、作业场所的卫生和生产设备、仪器用具的管理维护及保养情况。

h. 职工思想情绪和劳逸结合的情况。

i. 根据季节特点制定的防雷、防火、防台、防汛、防暑、防寒，以及防范其他极端气象因素带来的不利影响的安全防护措施落实情况。

j. 检修施工中防高空坠落、防碰撞、防电击、防机械伤害及施工人员的安全护具穿戴情况。

②检查要求

a. 发现"三违"现象，立即下达整改通知；对于重大隐患，首先责令停运、停工，立即告知各单位(部门)分管负责人，整改后方可恢复正常生产。

b. 现场检查发现的问题要有记录。

c. 对于重大隐患下达隐患整改指令书。

③检查周期

每月至少检查一次。

(2) 定期检查

管理单位组织对管理范围内的维修作业、机械电气、消防设备等项目进行检查，排查事故隐患，防止重大事故发生。

①检查内容

a. 电气设备安全检查内容：绝缘垫、应急灯、防小动物网板、绝缘手套、绝缘胶鞋、绝缘棒、生产现场电气设备接地线、电气开关等。

b. 机械设备专业检查内容：转动部位润滑及安全防护罩情况，操作平台安全防护栏、特种设备压力表、安全阀、设备地脚螺丝、设备刹车、设备腐蚀、设备密封部件等。

c. 消防安全检查内容：灭火器、消火栓、消防安全警示标志、应急灯、消防火灾自动探测报警系统等。

d. 压力管道、压力罐等。

②检查要求

由管理单位的负责人组织，安全员、技术骨干及相关责任人配合，发现隐患及时处理和报告，并做好检查记录。

③检查周期

每季度至少检查一次。

(3) 节假日(特定时间)检查

通过对运维人员、现场隐患等全面检查,发现问题并进行整改,落实岗位安全责任制,全面提升安全管理水平。

①检查内容

　　a. 运行或施工前安全措施落实情况。

　　b. 运行或施工中的安全情况,特别是检查用电、用火管理情况。

　　c. 各种安全制度和安全注意事项执行情况,如安全操作规程、岗位责任制、用火和消防制度等。

　　d. 安全设备、消防器材及防护用具的配备和使用情况。

　　e. 安全教育和安全活动的开展情况。

　　f. 运行现场、作业场所的卫生和生产设备、仪器用具的管理维护及保养情况。

　　g. 职工思想情绪和劳逸结合的情况。

　　h. 检修施工中防高空坠落及施工人员的安全护具穿戴情况。

②检查要求

　　a. 现场检查发现的问题要有记录。

　　b. 对于重大隐患下达隐患整改指令书。

③检查周期

每年元旦、春节、五一、十一等重大节日前。

(4) 特别(专项)检查

及时发现由于极端天气、地震、超设计工况运行等原因对厂房、生产设备、人员造成的危害,制订防范措施,以避免、减少事故损失。

①检查内容

检查建筑物结构的牢固程度,抗极端天气能力;电气设备及电气线路;机械设备情况;防汛设施;夏、冬季劳动保护用品配备及相应工程措施准备情况;雷雨季节前检查防雷设施安全可靠程度,包括防雷设施导线牢固程度及腐蚀情况,电阻值、防雷系统可保护范围等。

②检查要求

由管理单位主要负责人组织,安全员及设备技术人员参加。做好安全检查记录,包括文字资料、图片资料。对于检查发现的事故隐患,制订整改方案,落实整改措施。

③检查周期

每年特别天气之前后、汛前、汛后及夏冬两季前后各一次。

9.3.3　隐患治理

(1) 对于排查出的隐患,要进行分析评价,确定隐患等级,并登记建档。隐患分为一般事故隐患和重大事故隐患。

(2) 对于一般事故隐患,由管理单位按责任分工组织整改。对重大事故隐患,管理单位应立即向上级主管单位报告,组织技术人员和专家或委托具有相应资质的安全评价机构进行评估,确定事故隐患的类别和具体等级,并提出治理方案。

(3) 重大事故隐患治理方案应包括以下内容:

①隐患概况。

②治理的目标和任务。
③采取的方法和措施。
④经费和物资的落实。
⑤负责治理的机构和人员。
⑥治理的时限和要求。
⑦安全措施和应急预案。

（4）在事故隐患未整改前，隐患所在部门应当采取相应的安全防范措施，防止事故发生。事故隐患排除前或者排除过程中无法保证安全的，应当从危险区域内撤出作业人员，并疏散可能危及的其他人员，设置警戒标志。

（5）重大事故隐患治理结束后，管理单位应组织安全技术人员或委托具有相应资质的安全生产评价机构对重大事故隐患治理情况进行评估，出具评估报告。

（6）管理单位每月应对事故隐患排查治理情况进行统计分析汇总，并通过水利安全生产信息系统层层上报。

9.4 预测预警

（1）管理单位每季度进行一次安全生产风险分析，通报安全生产状况及发展趋势，及时采取预防措施。

（2）加强与气象、水文等部门沟通，密切关注相关信息，接到自然灾害预报时，及时发出预警并采取应急措施。

（3）积极引进应用定量或定性的安全生产预警预测技术，建立符合安全生产状况及发展趋势的预警预测体系。

10 应急管理

10.1 应急准备

10.1.1 应急管理组织

管理单位应建立应急管理组织，建立健全应急工作体系，由安全生产领导小组承办，并下设应急领导小组办公室于相关职能部门。

（1）安全生产领导小组应急工作主要职责

贯彻落实国家应急管理法律法规及相关政策；接受上级主管单位应急指挥机构的领导，并及时汇报应急处理情况，必要时向有关单位发出救援请求；研究决定单位应急工作重大决策和部署；接到事件报告时，根据各方面提供的信息，研究确定应急响应等级，下达应急预案启动和终止命令；负责指挥应急处置工作。

（2）应急领导小组办公室工作职责

监督国家、地方及行业有关事故应急救援与处置法律、法规和规定的落实，执行应急领导小组的有关工作安排；事件发生时，协助应急领导小组指挥、协调应急救援工作；接收并分析处理现场的信息，向应急领导小组提供决策参考意见；负责应急事件的新闻发布；负责应急处置相关资料的汇总、整编及归档工作。

10.1.2 应急预案

（1）预案要求

①管理单位应在对危险源辨识、风险分析的基础上，建立健全生产安全事故应急预案体系，将应急预案报当地主管部门备案，并通报有关应急协作单位。

②管理单位应定期评价应急预案，并根据评价结果和实际情况进行修订和完善，修订后预案应正式发布，必要时组织培训。

③管理单位应按应急预案的要求，建立应急资金投入保障机制，妥善安排应急管理经费，储备应急物资，建立应急装备、应急物资台账，明确存放地点和具体数量。

④管理单位应对应急设施、装备和物资进行经常性的检查、维护、保养，确保其完好、可靠。

⑤管理单位按规定组织安全生产事故应急演练，有演练记录。对应急演练的效果进行评估，提出改进措施，修订应急预案。

⑥发生事故后，应立即启动相关应急预案，开展事故救援；应急救援结束后，应尽快完成善后处理、环境清理、监测等工作，并总结应急救援工作。

（2）预案分类

根据针对情况的不同，应急预案分为综合应急预案、专项应急预案和现场处置方案。

①综合应急预案

综合应急预案是应急预案体系的总纲，是明确事故应急处置的总体原则。综合应急预案应当向地方应急管理主管部门报备。

②专项应急预案

专项应急预案是为应对某一类型或某几种类型事故，或者针对重要生产设施、重大危险源、重大活动等内容而制定的应急预案。专项应急预案由管理单位编制实施，并报分公司备案。

③现场处置方案

现场处置方案是根据不同事故类别，针对具体的场所、设施或岗位所制定的应急处置措施。由管理单位编制实施，并报分公司备案。

（3）预案编制和修订

①管理单位根据有关法律、法规和《生产经营单位生产安全事故应急预案编制导则》（GB/T 29639—2020），结合工程的危险源状况、危险性分析情况和可能发生的事故特点，制定相应的应急预案。

②应急预案由应急领导小组办公室负责管理与更新，根据实际情况，定期评估应急预案，对预案组织评审，并视评审结果和具体情况进行相应修改、完善或修订。并按照有关规定将修订的应急预案向地方应急管理主管部门报备。

（4）各类预案编制要求

①防汛应急预案按照相关法规制度要求编制，主要包括事故风险分析、应急指挥机构及职责、处置程序和措施等内容。

a. 针对可能发生的汛期风险，分析发生的可能性以及严重程度、影响范围等，并据此编制相关防汛预案。

b. 建立健全防汛应急指挥机构及职责。管理单位应成立防汛应急处置领导小组，应下设水工建筑、电气设备、堤防等专业抢险突击队,负责维护和抢修工作。

c. 完善防汛应急处置程序。现场巡查人员发现险情或接到险情信息后,应立即报告防汛应急处置领导小组组长,启动防汛应急预案,在组长的指挥下实施抢险工作,协调抢险行动,并及时向上级单位汇报情况。

d. 落实防汛应急处置措施。泵站水工建筑物、河道、堤防、机电设备、自动化设备以及其他设施损坏或出现险情可采取的措施。

e. 管理单位防汛值班电话应保证 24 小时畅通,严格落实 24 小时值班和领导带班制度,防汛应急处置领导小组成员汛期应保持通信畅通。

f. 管理单位应按照相关规定测算防汛物资品种及数量,现场储备必要的应急物资、抢险器械和备品备件,落实大宗物资储备。

②防突发事件处置方案应制定并包含消防及疏散应急处置方案、人员伤亡处置方案、防自然灾害处置方案,主要包括事故风险分析、应急指挥机构及职责、处置程序和措施等内容。

a. 建立反事故应对执行机构。管理单位应成立反突发事件领导小组,完善应急救援组织机构,在突然发生险情故障时,应立即按照预案采取应急措施。

b. 完善反事故处置程序。管理单位现场巡查人员发现突发事件信息后,应立即报告反突发事件领导小组组长。在组长的指挥下实施抢救工作,并及时向上级单位汇报情况。

c. 落实反突发事件处置措施。管理单位应制定相关应急处置措施,包括配置应急工器具、设置应急指示牌、购置隔离带、加强教育培训等措施,并组织相关人员开展演练。

10.1.3 应急救援队伍

管理单位应建立与单位安全生产特点相适应的专(兼)职应急救援队伍或指定专(兼)职应急救援人员。必要时可与邻近专业应急救援队伍签订应急救援服务协议。

10.1.4 应急设施、装备、物资

根据可能发生的事故种类特点,设置应急设施,配备应急装备,储备应急物资,建立管理台账,安排专人管理,并定期检查、维护、保养,确保其完好、可靠。

10.1.5 应急预案演练及评估

(1) 管理单位每年至少组织一次综合应急预案演练或专项应急预案演练,每半年至少组织一次现场处置方案演练。

(2) 由管理单位职能部门制定应急救援演练实施方案,报单位负责人审核后实施。

(3) 做好演练记录,收集整理演练相关的文件、资料和影像记录,按照有关规定保存、上报。

(4) 管理单位应组织对演练效果进行评审,根据评估结果定期修订完善。

10.2 应急处置

10.2.1 应急救援启动

(1) 生产安全事故发生后,管理单位的应急处理机构应当根据管理权限立即启动应急预案,积极组织救援,防止事故扩大,减少人员伤亡和财产损失,并立即将事故情况报告上级单位,情况紧急时,可直接报告地方人民政府应急管理部门。

（2）管理单位的上级主管单位（部门）接到生产安全事故报告后，应根据事故等级，采取相应的应急响应行动，相关负责人应当带领应急队伍立即赶赴事故现场，参加事故应急救援。

（3）公司的应急响应采用分级响应，即根据事故级别启动同级别应急响应行动。其中：Ⅰ、Ⅱ、Ⅲ级应急响应行动由江苏水源公司安全生产事故应急处理领导小组组织实施。Ⅳ级应急响应由江苏水源公司分公司宣布响应并由现场应急领导小组具体负责。

（4）安全生产领导小组接到生产安全事故报告后，应根据事故等级和类型，组成事故应急救援工作组或专家组，及时赶赴事故现场，参与事故应急救援处置。同时，将事故情况报告有关上级部门。

10.2.2　应急救援处置

（1）事故发生后，事发单位必须迅速采取有效措施，营救伤员，抢救财产，防止事故进一步扩大。

（2）事故发生后，由安全生产领导小组牵头成立的现场应急指挥机构负责现场应急救援的指挥。各级应急处理机构在现场应急指挥机构统一指挥下，密切配合、共同实施抢险救援和紧急处置行动。现场应急指挥机构组建前，事发单位和先期到达的应急救援队伍必须迅速、有效地实施先期救援。

（3）各级单位应按照事故现场应急指挥机构的指挥调度，提供应急救援所需资源，确保救援工作顺利实施。

（4）应急救援单位应做好现场保护工作，因抢救人员和防止事故扩大等缘由需要移动现场物件时，应做出明显的标志，通过拍照、录像、记录或绘制事故现场图，认真保存现场重要物证和痕迹。

（5）在事故应急处置过程中，应高度重视应急救援人员的安全防护，并根据生产特点、环境条件、事故类型及特征，为应急救援人员提供必要的安全防护装备。

（6）在事故应急处置过程中，根据事故状态，应急指挥机构应划定事故现场危险区域范围，设置明显警示标志，并及时发布通告，防止人员进入危险区域。

10.2.3　应急救援善后

（1）生产安全事故应急处置结束后，根据事故发生区域、影响范围，安全生产领导小组要督促、协调、检查事故善后处置工作。

（2）相关主管单位（部门）及事发单位应依法认真做好各项善后工作，妥善解决伤亡人员的善后处理及受影响人员的生活安排，按规定做好有关损失的统计补偿。

（3）管理单位应当依法办理工伤和意外伤害保险。安全事故应急救援结束后，公司及相关责任单位及时协助办理保险理赔并落实工伤待遇工作。

（4）管理单位的上级主管单位（部门）应组织有关部门对事故产生的损失逐项核查，编制损失情况报告。

（5）事发单位、上级主管单位（部门）及其他有关单位应当积极配合事故的调查、分析、处理和评估等工作。

（6）事发单位的上级主管单位应当组织有关单位共同研究，采取有效措施，尽快恢复正常生产。

10.3 应急评估

管理单位每年对应急准备工作进行一次总结评估。完成事故应急处置后,进行总结评估。

11 事故管理

11.1 事故报告

(1) 管理单位应制定事故报告和调查处理制度,明确事故调查、原因分析、纠正和预防措施、事故报告、信息发布、责任追究等内容。

(2) 发生事故后按照有关规定及时、如实地向上级单位及相关主管单位报告。

(3) 事故分类

①特别重大事故,是指造成 30 人以上死亡,或者 100 人以上重伤(包括急性工业中毒,下同),或者 1 亿元以上直接经济损失的事故。

②重大事故,是指造成 10 人以上 30 人以下死亡,或者 50 人以上 100 人以下重伤,或者 5 000 万元以上 1 亿元以下直接经济损失的事故。

③较大事故,是指造成 3 人以上 10 人以下死亡,或者 10 人以上 50 人以下重伤,或者 1 000 万元以上 5 000 万元以下直接经济损失的事故。

④一般事故,是指造成 3 人以下死亡,或者 10 人以下重伤,或者 1 000 万元以下直接经济损失的事故。

(4) 事故报告

①事故快报

发生特别重大、重大、较大和造成人员死亡的一般事故以及超标准洪水溃坝等严重危及公共安全、社会影响重大的涉险事故时,进行事故快报。

 a. 事故现场有关人员立即向现场负责人或安全生产领导小组报告。

 b. 安全生产领导小组应立即报告公司相关职能部门。

 c. 情况紧急时,事故现场有关人员可以直接向上级主管部门报告。

 d. 事故快报应当包括下列内容:

事故发生的时间、地点;发生事故的名称、主管班组;事故的简要经过及原因初步分析;事故已经造成和可能造成的伤亡人数(死亡、失踪、被困、轻伤、重伤、急性工业中毒等),初步估计事故造成的直接经济损失;事故抢救进展情况和采取的措施;其他应报告的有关情况。

②事故月报

 a. 每月 25 日前,安全生产领导小组应将当月事故信息报送上级主管部门。

 b. 事故月报实行零报告制度,当月无生产安全事故也要按时报告。

③事故补报

事故报告后出现新情况的,应当及时补报。自事故发生之日起 30 日内,事故造成的伤亡人数发生变化的,应当及时补报。道路交通事故、火灾事故自发生之日起 7 日内,事故造成的伤亡人数发生变化的,应当及时补报。

11.2 事故调查和处理

11.2.1 事故现场管理

发生事故后,应积极抢救受伤者,采取措施制止事态蔓延扩大;保护现场;做好现场标志、记录或进行拍照。

11.2.2 事故调查

(1) 管理单位必须积极配合由上级主管单位组织开展的事故调查。

(2) 一般及以上事故由国家政府组织事故调查组调查处理,管理单位配合调查。

(3) 事故调查组有权向有关部门和个人了解与事故有关的情况,并要求其提供相关文件、资料,相关部门和个人不得拒绝。

(4) 事故调查期间事故相关部门及个人不得擅离职守,应积极配合调查。

(5) 事故发生后按照有关规定,组织事故调查组对事故进行调查,查明事故发生的时间、经过、原因、波及范围、人员伤亡情况及直接经济损失等。

(6) 事故调查组应根据有关证据、资料,分析事故的直接、间接原因和事故责任,提出应吸取的教训、整改措施和处理建议,编制事故调查报告。

11.2.3 事故处理

(1) 各类事故的处理,均应按"四不放过"的原则进行,即事故原因没有查清不放过,事故责任者未受到追究不放过,周围群众和事故责任者未受到教育不放过,未制定防止同类事故重复发生的措施不放过。

(2) 人身死亡事故应当按照负责事故调查的人民政府的批复,对本部门负有事故责任的人员进行处理。负有事故责任的人员涉嫌犯罪的,依法追究刑事责任。

(3) 事故调查完毕后,调查单位应编写事故调查报告。

(4) 事故调查完毕后,组织人员参加事故总结会议,使其充分了解事故原因和各自应负的责任,说明下阶段安全工作重点,防止类似事故再次发生。

(5) 针对原因制定事故预防、应急措施,对事故发生班组落实防范和整改措施情况进行监督检查。

11.3 事故档案管理

管理单位应建立完善的事故档案和事故管理台账,每年对事故进行统计分析。

12 持续改进

12.1 绩效评定

12.1.1 管理制度

管理单位要制定适用于本单位的安全生产标准化绩效评定管理制度,包括评定的组织、时间、人员、内容与范围、方法与技术、报告与分析等。

12.1.2 评定组织

管理单位应成立安全生产标准化绩效评定领导小组和安全生产标准化绩效评定工作小组,并由单位负责人担任组长并承担绩效评定工作。

领导小组全面负责安全生产标准化绩效评定工作,决策绩效评定的重大事项。

工作小组主要负责制订安全生产标准化绩效评定计划;负责安全生产标准化绩效评定工作;编制安全生产标准化绩效评定报告;提出不符合项报告,对不符合项纠正措施进行跟踪和验证。

12.1.3 评定内容

评定内容主要是管理单位安全生产标准化实施情况,验证安全生产制度措施的适宜性、充分性和有效性,检查安全生产管理工作目标、指标完成情况,提出改进意见,形成评定报告。

12.1.4 评定方法

(1) 对相关人员进行提问。
(2) 查阅安全生产相关台账资料。
(3) 检查工程现场各项安全生产工作。

12.1.5 评定频次

每年至少组织一次安全生产标准化实施情况的检查评定。发生死亡事故后,重新进行评定。

12.1.6 评定结果

评定报告以正式文件印发,并向所有部门、所属单位通报结果。评定结果纳入单位年度绩效考评。

12.2 持续改进

12.2.1 修订安全生产规章制度及操作规程

管理单位应根据评定结果和预测预警趋势,每年定期修改安全生产规章制度及操作规程,并组织员工培训学习相关内容。

12.2.2 调整安全生产工作计划和措施

(1) 管理单位要根据安全生产标准化绩效评定报告,及时修改安全生产工作计划。
(2) 制订年度安全生产工作计划,每月应制订详细的安全生产工作计划,主要包括安全生产大检查,召开安全生产工作会议,开展安全生产相关法律法规识别、评价、更新,开展安全生产月活动,安全专项治理检查等。
(3) 结合工程实际,制定切实可行的安全生产工作措施,主要包括明确安全生产责任、定期检查、风险评价、安全培训、健全完善安全生产制度、消防安全管理等。

12.2.3 调整年度安全生产目标

安全生产目标要根据安全生产标准化绩效评定报告内容及时调整。